_______________________ 님께

불현 듯 찾아오는 감정의 소용돌이에서
_______________ 님의 불안감을 떨쳐내고
나를 객관적으로 바라볼 수 있었으면 좋겠습니다.

흔들리고 힘들어지는 엄마의 감정이
단단해지길 응원합니다

엄마의 감정 공부

초판 1쇄 인쇄 2026년 01월 10일
초판 1쇄 발행 2026년 01월 20일

지은이 박별보라
펴낸이 백유창
펴낸곳 도서출판 더 테라스

신고번호 제2016-000191호
주 소 서울 마포구 양화로길 73 체리스빌딩 6층
Tel. 070-8862-5683
Fax. 02-6442-0423
E.mail seumbium@naver.com

ISBN 979-11-988250-7-0 03590

값 17,000원

도서출판 세움과비움은 도서출판 더 테라스의 기독교 , 문학 브랜드입니다.

엄마의 감정 공부

오늘도 감정 때문에 무너지는 엄마를 위한 기분 관리 처방전

프롤로그 07

class 1

감정의 발산: 엄마가 되고 요동치는 내 감정들

1. 유독 아이 앞에서만 폭발하는 내 감정 · 12

2. 추한 감정을 쉽게 드러내는 또 다른 페르소나 · 18

3. 아이로 인해 내면아이 (Inner child)를 만났을 때 · 24

4. 완벽한 엄마가 되고 싶다는 환상 때문에 · 32

5. 상처받지 않는 아이로 키우고 싶은 엄마의 진짜 감정 · 38

6. 원가족의 불행이 아이에게 되물림 된다고? · 44

7. 친정엄마의 감정을 되풀이 하는 습관 · 49

8. 아이와 엄마의 건강한 감정 경계선을 원한다면 · 54

class 2

감정 습관 찾기: 감정 습관을 알아차리고, 받아들이기

1. 감정을 알기 전에 평소 생각 들여다보기 · 62

2. 내 감정 속 수많은 인지오류 발견하기 · 68

3. 나도 모르는 부정적인 감정 습관 알아차리기 · 75

4. 감정과 나를 분리하자 · 81

5. 좋은 감정, 나쁜 감정 구분없이 받아들이기 · 87

6. 다루기 어려운 감정에 숨겨진 진짜 욕구 찾기 · 93

7. 나쁜 감정 즉시 해결법 · 99

Contents

 **class3**

감정 관리: 긍정적인 감정으로 관리하는 법

1. 피해자의 자리에서 벗어나기 · 106

2. 남보다 '나'를 0순위로 사랑하자 · 112

3. 모두를 진심으로 사랑하는 감정을 키워라 · 118

4. 감정 청소를 위해 주변을 청소하라 · 124

5. 작은 성취감이 만드는 큰 변화 · 130

6. 타인과 비교하지 말고, 개별성을 인정하자 · 136

7. 긍정적 사고를 뼛속까지 체화하는 법 · 143

8. 감정의 온도 차이를 줄여라 · 148

 **class4**

감정의 재정의: 내가 원하는 정체성으로 감정을 디자인하는 방법

1. '엄마다움'말고 '나다움'을 선택하라 · 156

2. 내가 원하는 '나'를 먼저 설정하라 · 161

3. 미래를 상상하며 그때 느끼는 감정을 미리 느껴라 · 166

4. 새로운 감정을 습관화하라 · 172

5. 타인의 감정을 내 감정이라고 착각하지 마라 · 178

6. 감사를 연습하면 달라지는 것들 · 183

7. 긍정어로 내 감정을 다스려라 · 189

8. 감정을 다스리고 싶으면 몸을 다스려라 · 195

 class5

관계의 회복: 엄마 감정이 바뀌면 가족 분위기가 바뀐다

1. 엄마가 감정을 다루면, 부부관계가 좋아진다 · 202

2. 엄마의 거리두기가 가족을 건강하게 만든다 · 208

3. 가족 감정의 경계선을 지켜라 · 214

4. 나를 먼저 이해하면 가족을 인정할 수 있다 · 220

5. 시어머니를 내 편으로 만드는 감정 기술 · 225

6. 친정엄마와 감정의 고리를 끊는 법 · 231

7. 엄마의 감정은 가족의 감정 리모컨이다 · 236

에필로그 242

부록 247

결혼 전 나름대로의 나의 삶에 만족하면서 지냈다. 하지만 결혼 후 아이가 태어나면서 인정하기 싫은 낯선 나의 모습들이 튀어나왔다. 낯선 나를 도저히 인정할 용기가 생기지 않았다. 내가 문제라는 것을 인정하면 지금까지 살아온 나의 삶이 휘청거릴 것만 같았다.

그래서 아이 탓을 했던 것일까? '지금까지 나의 삶은 무엇이었을까? 껍데기였을까?' 결혼 전 출퇴근길에 책을 읽고 〈가시고기〉를 읽으며 눈물 흘리던 사람이었는데, 이제 더 이상 내가 알던 나 자신이 아니었다.

결혼 8년 차, 아이가 5살 무렵이었다. 평온한 아이 앞에서 감정이 폭발하는 나를 보면서 온몸으로 직감했다. '아, 문제는 아이가 아니라 나에게 있구나.' 그 직감에는 뚜렷한 근거는 없었다. 그냥 모든 것이 자연스럽게 내가 문제라고 말하는 것 같았고 그게 사실이었다.

처음에는 아이를 탓했다. 하지만 시간이 지날수록 문제의 근원은 바로 나였다는 것을 깨달았다. 아이는 본능에 따라 순수하게 행동했을 뿐인데, 내가 그 행동에 의미를 부여하여 감정이 폭발했던 것이다.

한 아이의 엄마가 된 이상 아이를 위해서라도 이런 나를 받아들이고 변해야만 했다. 변하기로 결심했지만 무얼 해야 하는지 몰랐다.그래서 무작정 책을 읽고 글을 쓰기 시작했다. 고통을 감당하는 법을 몰라 글로 감정을 토해냈다. 많은 글을 쓰는 만큼 양육서도 많이 읽게 되었다. 엄마들은 이미 육아 지식을 충분히 알고 있다. 하지만 아는 것과 실천하는 것은 다르다.

나 역시 이론을 실천할 때 많은 어려움을 느꼈고, 실천해도 나아지고 있는지조차 모호했다. 그럼에도 포기하지 않고 작게, 아주 작게 시도했다. 거창한 목표 대신 사소한 마음가짐의 변화부터 시작했다. 그렇게 꾸준히 실천하자 어느 순간 긍정적인 변화들이 찾아왔다. 아이가 괜한 짜증을 낼 때도, 예전 같으면 행동을 고쳐 주려고 애를 썼을 텐데, 이제는 아이의 감정과 나의 감정을 분리해 아이의 감정이 스스로 편해질 때까지 거리를 둘 수 있었다. 작은 변화였지만 나에게는 큰 의미였다.

이후 엄마들과 함께 성장하고자 SNS에 글을 게시하고 모임을 만들었다. 엄마들을 만나며 한 가지 사실을 알게 되었다. 엄마들은 비슷한 어려움을 겪고 있지만, 서로 말하지 않기 때문에 각자 '나만 힘든가?'라고 생각하고 있다는 것이었다.

한 엄마는 "다른 분들은 다 잘하시는 것 같아서 말 못 했어요"라고, 또 다른 엄마는 "저만 감정 조절 안 되는 줄 알았어요"라고 말했다. 겉으로 여유로워 보이는 엄마들도 나름의 고민을 갖고 있었다. 다만 그것을 드러낼 기회가 없었을 뿐이다.

내가 겪었던 감정, 힘들어했던 순간들이 나만의 것이 아니었다. 이런 경험은 학부모 상담에서도 자연스럽게 연결되었다. 나 역시 아이를 키우며 비슷한 감정을 느꼈기에 학부모들의 이야기를 더 깊이 이해할 수 있었다.

이 책은 그 여정의 기록이다. 완벽하지 않은 자신을 받아들이기 힘들어하는 엄마들을 위한 책이다. 이 책은 '어떻게 해야 하는가'라는 방법론보다 '왜 이런 마음이 드는가'라는 근본적인 이해에 집중했다. 감정의 뿌리를 알게 되면 자신을 조금 더 이해하고 받아들일 수 있게 된다.

그 다음으로 엄마의 감정을 단계적으로 함께 살펴본다. 먼저 아이 앞에서 순간적으로 폭발하는 감정을 마주하고, 평소에는 미처 몰랐던 자신의 감정 습관을 점검해 볼 수 있다. 다음 단계는 감정을 관리하는 구체적인 방법을 배우며, 내가 원하는 모습으로 감정을 조금씩 만들어가는 것이다. 마지막 장에서는 관계 회복을 다룬다. 엄마가 변화하면 가족 관계도 함께 달라질 수 있다는 희망의 이야기를 담았다.

책을 읽고 난 후, 당신은 자신의 감정을 다르게 볼 수 있게 될 것이다. 아이에게 화를 내며 '나는 왜 이럴까' 자책하는 대신, 자신의 감정에서 한 걸음 떨어져서 객관적으로 바라보게 될 것이다. 자신의 감정을 이해하고 받아들이는 것만으로도 변화는 시작된다. 그리고 그 작은 변화가 결국 가족 관계 전체를 조금씩 따뜻하게 만들어갈 것이다.

엄마가 되고 요동치는 내 감정들

감정의 발산

유독 아이 앞에서만 폭발하는 내 감정

아침부터 정신없는 하루가 시작된다. 출근 준비를 하느라 간신히 아이 아침을 먹이고 허겁지겁 현관으로 나서는데, 아이가 불쑥 "엄마, 나 이 옷 안 입을래!"라고 말한다.

이미 지각이 확정된 상황, "지금 늦었어! 그냥 입고 가!"라고 단호하게 말하지만, 아이는 "싫어! 이 옷은 마음에 안 들어!"라며 고집을 부린다. 속에서 무언가 끓어오르는 걸 느끼지만 억지로 입술을 깨물며 "빨리 골라!"라고 다그치고....,

아이가 느릿느릿 옷장을 뒤지는 순간 결국 참았던 짜증이 폭발한다. "도대체 몇 번을 말해!" 아이의 표정은 굳고, 집안의 공기는 차갑게 얼어붙었다. 아이가 어두운 표정으로 옷을 고르는 모습을 보며 마음속으로는 또 후회가 밀려온다. "아, 감정을 또 주체하지 못했네?"

'왜 매번 소리 지르고 후회하는 걸까?' 이런 생각은 반복된다. 아이를 키우면서 다정한 엄마가 되고 싶었지만 예상치 못한 순간마다 감정은 폭발하고 만다. 엄마가 되고 나서야, 새롭게 발견되는 나의 감정과 성격들이 낯설기만 하다.

사실 이런 변화는 단순히 육아가 힘들어서가 아니다. 우리의 뇌가 부모 역할에 적응하면서 자연스럽게 생기는 현상이라고 할 수 있다. 부모가 되면 뇌는 아이를 돌보고 보호하는 역할을 하도록 변한다. 대표적인 변화 중 하나가 호르몬의 변화라고 할 수 있다. 엄마가 되면 옥시토신이라는 호르몬이 증가하는데 아이와 애착을 형성하는 데 중요한 역할을 한다.

이 호르몬은 단순히 사랑과 유대감을 키워주는 것만이 아니라 감정을 더 강하게 느끼게 만드는 역할도 한다. 기쁘고 행복할 때는 감정이 더욱 풍부해지지만 서운함 같은 감정도 평소보다 더 강하게 느껴진다. 그러다 보니 육아하면서 감정이 예민해지고 작은 일에도 마음이 크게 요동칠 수 있게 되는 것이다.

지속되는 육아는 감정을 조절하는 역할을 하는 뇌의 전두엽 기능을 약해지게도 한다. 아이가 태어나는 순간부터 몸과 마음이 바빠지고, 충분히 쉬지 못하는 날이 많아지면, 수면 부족과 피로가 쌓이고 감정 조절 기능이 떨어지게 되어 감정이 쉽게 폭발하게 된다. '나는 왜 이렇게 작은 일에도 화가 날까?' 하는 생각이 든다면 사실, 그건 당신의 감정 문제가 아니라 육아로 인해 몸과 마음에 과로가 쌓인 상태이기 때문일 수 있다.

편도체는 우리가 위험을 감지하고 감정적으로 반응하는 역할을 한다. 부모가 되면 뇌는 '아이를 지켜야 한다!'라는 신호를 계속 보내기 때문에 예상치 못한 일이 생기면 본능적으로 과민하게 반응하게 된다. 아이가 장난을 치다 컵의 물을 쏟으면 큰일이 아닌데도 순간적으로 화가 나는 이유도 여기에 있다. 그러다 보니 이성적으로 '괜찮아, 치우면 되지.'라고 생각하기보다는 "아니, 몇 번을 말했는데 또 쏟았어?!"라고 감정적으로 반응하게 되는 것이다.

육아는 종일 끊임없는 감정 조절을 요구하는 과정이다. 엄마가 감당해야 하는 일이 많아질수록, 감정을 다룰 힘은 점점 부족해진다. 아침에는 아이가 밥을 흘려도 "괜찮아"하면서 웃어줄 수 있지만, 퇴근 후 또는 몸과 마음이 피곤해질 때면 작은 고집도 참기 어려워진다. 아이가 같은 행동을 해도 "너 도대체 왜 그러는 거야?!"라는 말이 저절로 튀어나오는 것도 바로 이런 이유 때문이다.

부모가 된다는 것은 단순히 새로운 역할을 맡는 것이 아니라, 내면 깊숙이 자리 잡고 있던 나의 감정들이 강하게 표출되는 경험이기도 하다. 엄마가 되면서 감정이 쉽게 폭발하는 것은 비정상적인 것이 아니라 내 안에 존재하던 감정들이 더 자주, 더 강하게 드러나는 자연스러운 과정이다.

주변의 엄마들과 대화를 나누다 보면 비슷한 고민이 적지 않다. "저는 원래 조용하고 차분한 성격이었어요. 그런데 아이를 키우면서 작은 일에도 감정을 조절하기 어려운 사람이 되어버린 것 같아요.", "남편은 제가 너무 예민하다고 하는데, 저는 남편이 너무 무책임하게 느껴질 때가 많아요.", "아이가 떼를 쓰거나 짜증을 내면, 처음엔 잘 참다가도 어느 순간 감정이 폭발해 버려요." 이렇게 육아하면서 감정의 변화가 크다는 이야기는 한두 명의 고민이 아니다. 아이를 키우면 누구나 한 번쯤 비슷한 감정을 경험하게 된다.

그렇다면 폭발하는 감정을 어떻게 잘 다룰 수 있을까? 감정을 다룬다는 것은 단순히 참는 것이 아니다. 억누르거나 무시하는 것이 아니라, 감정이 올라오는 순간을 알아차리고, 그 감정을 자연스럽게 받아들이는 과정이다. 하지만 감정을 받아들인다는 것은 생각보다 어려운 일이다. 감정을 억누르거나 모른 척하는 것이 차라리 편하기 때문이다.

우리는 감정이 올라왔을 때 '아이만 얌전하다면 나는 화낼 일이 없을 텐데.' '내가 화가 난 건 남편 때문이야.' 이렇게 흔하게 남 탓을 하며 합리화한다. 탓할 대상을 찾으면 당장은 나의 감정을 정당화시킬 수 있지만 그럴수록 감정의 원인은 해결되지 않고, 똑같은 상황이 반복될 가능성이 크다. 반대로 '내가 지금 화가 난 건 사실 내 안에 있던 해결되지 못한 감정 때문이구나.'하고 인정하는 순간 변화는 시작된다. 반면, 마음에 들지 않는 내 모습을 핑계 없이 인정하는 순간, 두려움이 밀려온다. 지금까지 살아온 내 삶의 방식을 통째로 부정하는 것처럼 느껴지기 때문이다.

우리는 익숙한 감정을 반복하면서 살아왔다. 그 익숙한 감정을 바꾸려 하면 새로운 감정에 대한 두려움이 밀려온다. 감정이 변하면 나도 변해야 할 것 같고 그동안 쌓아온 내 방식이 무너질 것만 같기 때문이다.

아이 앞에서 튀어나오는 감정을 받아들이는 건 더 나은 나를 만드는 지름길이다. 내가 원하지 않는 감정을 있는 그대로 바라보고 수용할 때, 감정에 휘둘리지 않고 그 감정을 주체적으로 활용할 수 있게 된다. 엄마로서 새로운 내 감정을 받아들이는 것이 낯설 수 있다. 하지만 마음에 들지 않는 나답지 않은 감정도 용기 있게 나로 받아들일 때, 아이와의 관계에서 불필요한 갈등이 줄어들고 가족 분위기를 더욱 따뜻하게 만들 수 있다.

실제로 나도 아이가 태어나고 육아를 하면서 감정이 심하게 변동했다. 아이의 사소한 잘못에도 감정이 급격하게 상승했다. 그럴 때마다 나는 아이를 낳기 전 모습을 떠올리며 현재의 감정 상태를 부인했다. 감정 폭발이 생기면 반사적으로 아이를 탓했다. 그렇게 아이와 함께 6년을 지내니 한 가지 사실이 명확해졌다. 문제는 아이가 아닌 나에게 있었다. 객관적으로 관찰하니 아이는 내가 반응할 정도의 잘못을 하고 있지 않았다. 순전히 나 혼자 감정적으로 과하게 반응하고 있었을 뿐이었다.

만약 내가 엄마가 되지 않았다면 이 진실을 영원히 마주하지 않았을 것이다. 하지만 나는 나와 아이의 삶을 위해 변해야만 했다. 이 상태로는 가족 전체에게 긍정적인 영향을 줄 수 없을 것 같았다. 그러나 나의 불완전함을 인정하는데 쉽지 않았다. 그럼에도 아이를 위해 나는 현재의 나를 있는 그대로 수용하기로 하고. 그렇게 자신을 수용하고 나니 변화가 빠르게 일어났다.

엄마들은 이미 많은 것을 감당하고 있다. 하루에도 몇 번씩 자신의 감정을 억누르면서 아이와 가족을 돌보고 해야 할 일들을 해낸다. 그러니 감정을 있는 그대로 인정하는 것조차 버거울 때가 많다. 하지만 한 번만 용기를 내어 감정을 인정해 보자. '지금 내 감정은 틀린 것이 아니라, 내가 살아온 과정에서 함께 만들어진 거구나.'라고 생각하면 오히려 마음이 한결 가벼워질 수 있다. 감정을 인정한다고 해서 갑자기 모든 게 해결되는 것은 아니지만 적어도 감정을 부정하며 스스로 몰아붙이지 않아도 된다.

감정 관리는 자녀를 위해, 가족을 위해 하는 것이 아니다. 엄마 자신을 위해 하는 것이다. 엄마가 감정을 인정하고 돌볼 때, 아이도 배우고, 가족도 영향을 받는다. 나를 위한 작은 실천이 결국 가족 전체를 변화시키는 것이다. 그러니 감정이란 괴물이 찾아왔을 때, 절대 자책하지 말자. '나는 왜 이럴까?', '내가 더 좋은 엄마였다면'하고 자신을 몰아세우지 말자. 단지 그 감정에 '또 오셨네요.'하고 따뜻하게 맞이해주고 인정해 주면 된다.

가장 중요한 것은 이상적인 엄마의 모습을 지키는 그것이 아니라 자신을 이해하고 보듬어주는 것이다. 그리고 기억하라. 당신은 이미 충분히 잘하고 있고, 매일 노력하고 있다. 그 자체만으로도, 이미 훌륭한 엄마다.

2

추한 감정을 쉽게 드러내는
또 다른 페르소나

심리학자 카를 구스타프 융은 인간이 상황에 따라 서로 다른 페르소나를 착용한다고 말했다. 가족 앞에서, 직장에서, 친구와 함께할 때 우리는 각각의 다른 가면을 쓴다. 상사와의 대화와 애인과의 대화에서 말투가 달라지는 것처럼, 사회생활 속에서 우리는 상황에 맞는 페르소나를 자유롭게 선택한다.

그렇게 사회적으로 적절한 모습을 유지하며 나름 잘 살아왔다. 그러나 아이를 낳고 기르는 순간, 그 페르소나가 무너지는 경험을 한다. 아이 앞에서 불쑥 튀어나오는 낯선 감정과 행동을 마주하게 되는 것이다. 그 가면은 자신의 것이 아닌 것처럼 느껴진다. 알고 싶지 않았던 자신의 추악한 가면이 연약한 아이 앞에서 드러나는 것은 견디기 힘든 일이다.

아이가 태어나면서 우리는 지금까지 경험하지 못했던 새로운 페르소나를 발견하게 된다. 그동안 인생에서 수많은 사건과 사고를 경험했지만, 아이가 태어난 사건과는 큰 차이가 있다. 그 어떤 고통스러운 경험도 내면 가장 깊은 곳까지 건드리지는 못했기 때문이다.

인터넷에서 본 영상 하나가 떠오른다. 결혼 전에는 차 안에서 조용히 운전하던 외국 여성이 아이를 낳은 후에는 뒷좌석의 아이를 향해 괴물처럼 길고 큰 소리를 여러 번 지르는 영상이었다. 비록 연출된 장면이었지만, 젊은 외국 엄마도 그렇게 소리를 지르는 모습을 보니 육아의 모습은 외국이나 한국이나 비슷하다는 것을 느꼈다.

육아는 인생의 어떤 시련이나 고통을 마주했을 때보다 더욱 진하고 추한 페르소나를 드러나게 한다. 아이는 우리가 감춰왔던 가면들을 발견하도록 도와준다. 깊이 감춰졌던 나의 가면들을 가감 없이, 끊임없이 꺼내준다. 처음 마주하는 본능적인 자신 모습에 엄마들은 당황해한다.

하지만 괜찮다. 지금이라도 아이 덕분에 자신을 알게 되었으니 얼마나 다행인가? 혹, 그 가면이 마음에 들지 않으면 어떤가? 그것을 인정하고 받아들이면 오히려 더 안정된 모습으로 변화 될 기회가 있다. 물론, 회피하지 않고 받아들이는 데는 많은 지혜와 용기가 필요하다.

엄마들에게는 여러 개의 가면이 존재한다. 딸, 아내, 회사원, 이 가면들이 모두 같을 수는 없다. 직장에서 멋지게 업무를 해내는 엄마도 양육에는 서툴 수 있다. 친정엄마에게 모질게 굴면서도 아이에게는 끔찍이 대하는 엄마도 있다. 남편과 보내는 시간은 즐거운데 아이와 함께 있으면 지치는 엄마들도 존재한다.

이 모든 가면을 편하게 인정하면 된다. '회사에서는 유능한 직원인데 육아할 때는 이게 뭐람'이라고 생각할 필요는 없다. 육아에 익숙하지 않은 자기 모습도 괜찮다. 자신의 모든 가면을 넓은 마음으로 있는 그대로 인정하고 사랑하는 것이 가장 먼저 해야 할 일이다.

아이가 순하고 단체 생활도 잘해서 주변 엄마들의 부러움을 사는 한 엄마가 있었다. 그러나 그녀에게도 남모를 고민이 있었다. 바로 아이가 외출을 좋아하지 않는다는 점이었다. "우리 어디 놀러 갈까?" 하고 물으면 보통 아이들처럼 신나기보다는 늘 "싫어, 그냥 집에 있을래"라고 답한다. 엄마가 여러 번 힘겹게 설득해야만 집을 나설 수 있었다.

그런데 막상 밖에 나가면 아이는 또 너무 즐겁게 놀았다. '이럴 거면 왜 그렇게 나가기 싫어했을까?'라는 생각이 들 때가 한두 번이 아니었다. 다른 엄마들은 아무렇지 않게 외출하는 것처럼 보였지만, 그녀에게는 매번 마음의 준비가 필요한 일이었다. '남들이 쉽게 하는 일이 나에게는 왜 이렇게 어려운 걸까?' 하는 생각이 들 때면, 그녀는 괜히 더 작아지는 기분을 느꼈다.

그 엄마는 어느 날 조심스럽게 자신의 고민을 다른 엄마들에게 털어놓았다. "저희 아이 때문에 고민이 많아요." 그러자 주변 엄마들은 웃으며 말했다. "철수 엄마는 뭐가 고민이에요? 우리 애도 철수 같으면 좋겠어요." 그 말에 그녀는 더는 아무 말도 할 수 없었다. 그녀의 고민은 겉보기에 별문제가 없어 보인다는 이유로 부러움이라는 말에 가볍게 지워져 버렸다.

이처럼 겉으로는 아무 문제없어 보이는 아이와 편한 엄마라는 이미지 뒤에는 그 누구에게도 털어놓지 못한 고민을 조용히 안고 있었다.

아이의 눈치를 보며 외출을 준비하는 매 순간, 그녀는 조금씩 지쳐가고 있었지만, 그 마음을 알아주는 사람은 없었다.

다른 사람들이 기대하는 '편한 엄마'라는 가면에 자신을 억지로 맞추려고 할 때 문제는 생긴다. 실제의 나와 보이는 나 사이의 간격이 커질수록, 엄마로서는 더욱 지치고 혼란스러워진다.

타인이 씌워준 가면은 그들의 시선일 뿐이다. 그들의 기대에 얽매이기보다, 지금 느끼는 감정을 솔직하게 들여다보는 것이 중요하다. 그 감정 속에는 엄마만이 알아차릴 수 있는 직감과 방향이 숨어 있다. 그 직감을 믿고 자신의 마음을 차분히 들여다볼 때, 비로소 자신과 아이에게 꼭 필요한 해결책이 보이기 시작한다.

모든 엄마는 이상적인 엄마의 이미지를 마음에 품고 있다. 아이에게 자상하고, 상냥하게 훈육하며, 언제나 여유롭고 따뜻하게 대하는 그런 모습 말이다. 그런데 이상적인 이미지가 마음속에 자리잡을수록 현실의 감정은 그것과 어긋난다. 아이 앞에서 목소리가 올라가고, 지쳐서 반응이 무뎌지는 순간들이 반복된다.

이런 모습에 대해 자책할 때마다 이상적인 엄마의 가면이 더 단단해지고, 자신을 더 몰아세우게 된다. '아이의 감정을 매번 공감해 줘야 해', '내가 피곤해도 반찬은 직접 만들어야 해', '드라마 볼 시간에 아이 학습지를 봐야 해' 이런 지침들이 '더 잘해야 한다'라는 마음을 끊임없이 긴장시킨다. 그리고 어느 순간 그 긴장은 부담으로 이어진다.

아이를 누구보다 소중히 여기면서도 정작 아이 앞에서 가장 거친 감정이 튀어나오는 이유는 간단하다. 아이는 엄마에게 안전 기지이기 때문이다. 사회적 평가를 걱정할 필요 없는 아이와 단둘이 있는 공간에서 감정이 가장 쉽게 드러난다. 회사나 친구 관계에서는 체면을 유지하지만 아이 앞에서는 경계를 풀 수 있다. 무의식적으로 아이는 나를 떠나지 않는다는 믿음이 감정을 더 쉽게 터뜨리게 만드는 것이다.

엄마가 어떤 감정을 드러내든, 아이에게 엄마는 여전히 세상의 중심이다. 그 순수한 사랑이 때로는 더 깊은 죄책감으로 이어진다. 자신의 모든 부분을 받아주는 아이를 보면서 자책은 더욱 커진다. 가면이 마음에 들지 않는다고 해서 자신의 본질 자체를 부정할 필요는 없다. '내 안에 이런 나도 있구나.' 그렇게 바라볼 때, 치유를 향한 신호가 된다. 아이가 그 감정을 만든 것이 아니다. 이미 오래전부터 내 안에 머물던 것이, 아이와의 관계라는 압박 속에서 얼굴을 드러낸 것일 뿐이다.

이상적이고 단일한 하나의 가면에 자신을 가둘 필요는 없다. 여러 개의 가면이 공존한다고 해서 당신이 덜 괜찮은 사람이 되는 것은 아니다. 오히려 완벽한 하나의 가면만 지키려 애쓸수록, 그것에서 벗어나는 다른 자아를 더 미워하게 되고 결국 점점 더 지치게 된다.

각기 다른 페르소나는 모두 '사랑받고 싶은 나'의 다양한 얼굴이다. 모든 모습이 당신이 살아 있다는 증거이다. 이렇게 스스로에게 말해본다. "나는 오늘 어떤 가면을 썼든, 그 안의 감정까지도 안아주는 자신이 되어가고 있다." 좋은 가면을 쓰는 것이 목표가 아니다. 가면 속

진짜 나를 사랑하는 것이야말로, 당신다운 삶을 되찾는 유일한 열쇠
이다.

3

아이로 인해 내면아이 (Inner child)를 만났을 때

심리학자 존 브래드쇼는 '과거는 지나갔지만 절대 죽지 않았다. 오히려 우리 안에서 살아 숨 쉬고 있다.'라고 말하며 어린 시절의 상처가 내면아이로 남아 현재의 감정과 행동에 영향을 준다고 설명한다.

평소에는 인지하지 못해도 관계에서 반복되는 갈등이나 알 수 없는 불안감은 바로 내면아이의 외침일 수 있다. 특히 자녀를 양육하는 시기에 우리 안의 작고 상처받은 아이는 더욱 빈번히 깨어난다. 이 아이는 화, 상실감, 억울함, 서운함 같은 감정을 느끼며, 사랑받고 싶다고, 외롭다고 절실하게 외치고 있다.

내면아이는 어린 시절의 충족되지 못한 감정과 경험이 우리 마음속에 남아 만들어진 심리적 자아이다. 관계의 상처나 육아 스트레스가 쌓일 때 그 감정들은 예상치 못한 순간에 너무나 쉽게 튀어나오고 만다. 과거 공감받지 못했던 서운함이 어른이 된 나를 통해 반복적으로 재현된다.

이 감정이 낯설고 두려워 다시 꾹꾹 눌러 마음 깊숙이 밀어 넣으려

한다. 하지만 이제는 그 감정들이 쉽게 억눌리지 않는다. 튀어나오는 간격은 점점 짧아지고 내면의 어린아이가 지쳐갈수록 어른인 우리 역시 함께 고갈되는 것을 느낀다.

학부모 상담을 진행하다 보면 흥미로운 점을 발견할 수 있다. 엄마들은 자녀의 문제를 이야기할 때는 의외로 담담함을 유지하지만, 자신의 어린 시절 이야기를 꺼낼 때 더 많이 울고 더 크게 흔들린다. 아이의 문제도 힘들지만, 자신의 내면아이를 직면하는 일이 훨씬 더 어렵고 고통스럽기 때문이다.

이제 우리는 그 아이를 더는 외면해서는 안 된다. 지금까지 어른의 마음속에 혼자 숨어 있던 아이를 용기 내어 꺼내 따뜻하게 바라봐야 한다. 따뜻하게 말 걸고, 공감해 주고, 아무 조건 없이 사랑을 주어야 한다. 그렇게 어린 시절의 내면아이가 충분히 사랑받고 지지받는 경험을 하게 될 때, 비로소 어른이 된 우리의 감정과 행동 역시 조금씩 긍정적으로 달라지기 시작하는 것이다.

상담사례 중 한 어머니는 자신의 어머니가 이유 없이 자신을 구타했던 과거를 담담하게 털어놓았다. 너무 맞아서 "이유라도 알고 맞고 싶었다."라고 말할 정도였으며, 심지어 성인이 된 25살까지 폭행이 이어졌다고 했다. 가장 사적인 공간인 집에서도 냉장고 문을 열거나 음식을 먹을 때 매번 허락을 받았다는 이야기는 어린 시절의 정서적 억압이 얼마나 깊었는지 여실히 보여주고 있다.

현재 이 어머니는 자신과 반대로 자녀에게 많은 자유를 주고, 공감하며 친구처럼 지내려 노력하고 있다. 그런데도 남편과 아들의 관계에 문제가 생겨 아들이 자신처럼 참는 모습을 볼 때마다 마음이 아프다고 고백했다. 겉으로는 힘든 부부관계를 꿋꿋이 이겨내려는 씩씩한 모습을 보였지만, 그 이면에 깊이 자리한 고통에 나 역시 마음이 편치 않았다.

특히 육아할 때 내면아이는 더 자주, 더 선명하게 떠오른다. 자녀의 모습이 마치 어릴 적 자신처럼 느껴질 때, 그 시절의 미해결된 감정들이 함께 따라오는 것이다. 이제 우리는 용기를 내어 그 어둡고 상처 입은 내면아이의 모습을 받아들이고, 인정하며, 치유해 가는 과정을 시작해야 한다. 이 과정을 통해서 풀리지 않았던 많은 문제가 예전보다 훨씬 부드럽게 녹아내리기 시작할 것이다. 당신의 내면아이는 어떤 모습으로 당신을 기다리고 있을까? 조금만 귀 기울여 보면, 아주 오래전부터 당신의 손길을 기다려 온 그 아이의 간절한 목소리가 들릴지도 모른다.

물론 엄마마다 어린 시절의 경험은 다 다를 것이다. 불행만 가득했던 엄마, 비교적 행복했던 엄마, 혹은 기쁨과 상처가 섞인 유년기를 보낸 엄마들도 있을 것이다. 지금부터 존 브래드쇼의 저서 〈상처 받은 내면아이 치유〉에 담긴 방식으로 간단하게 내면아이를 만나보려고 한다.

「내면아이 명상 안내」

- 1. 평화로운 숲속을 거닐어 보세요.

일단 눈을 감고 평화로운 숲속을 걷는 상상을 해 보세요. 숲속을 걷다 보니, 문득 집 한 채가 눈에 들어옵니다. 그 집으로 들어가 보세요. 그 안에 당신의 내면아이가 있습니다.

· 당신의 내면아이는 어떤 옷을 입고 있나요?

· 아이의 표정은 어떤가요?

· 집안의 분위기는 어떠한가요?

· 아이가 지금 당신에게 무엇을 말하고 싶어 하는지 느껴보세요.

- 2. 아이의 모습을 있는 그대로 인정하세요.

사람에 따라 내면아이의 상황은 매우 다양하게 연출될 수 있습니다. 내면아이가 어떤 모습이든 당황하지 마세요. 당신은 이제 그 아이를 아이답게, 예쁘게 만들어갈 수 있습니다.

- 3. 갓난아이를 안고 확신을 심어주세요.

이제 어른이 된 당신이 갓난아이인 당신 자신을 들어 올려서 따뜻하게 안고 있는 상상을 해 보세요. 그리고 그 아이에게 다음과 같은 확신에 찬 말을 부드럽게 속삭여 주세요.

「세상에 온 것을 환영한다. 널 오랫동안 기다려 왔어. 네가 여기에 있어서 너무 좋다. 난 네가 지낼 만한 아주 특별한 그곳을 마련해 놓았단다. 네 모습 그대로를 사랑한다. 무슨 일이 생겨도, 널 떠나지 않을 거야. 네가 필요한 게 무엇이든 다 괜찮아. 네가 갖고 싶어 하고 네게 필요한 걸 언제든지 줄게. 네가 여자아이(남자아이)라서 너무 기쁘다. 널 보살펴 주고 싶구나. 난 그럴 준비가 다 되어 있다. 널 먹이고, 목욕시키고, 옷을 갈아입히고, 너와 시간을 보내는 게 너무 좋

다. 이 세상에서 너와 같은 아이는 없다. 넌 독특하다. 네가 태어났을 때 하나님
도 웃으셨다.」

자, 이제 어른인 당신이 갓난아이인 당신을 조심스럽게 내려놓습니
다. 그리고 그 아이가 당신을 절대로 떠나지 않을 것이라고 확신하며
약속하는 소리를 들어보세요. 당신은 이제 어른인 원래의 자신으로
되돌아갑니다. 당신의 작고 소중한 어린 자신을 다시 한번 바라보세
요. 당신은 방금 그 아이에게 필요했던 치유를 주었습니다. (이 내용은
존 브래드쇼의 책에 소개된 치유 과정의 마지막 단계이며, 내면아이와의 안정적
인 재결합을 상징한다.)

유튜브에서도 내면아이 치유 명상 콘텐츠를 쉽게 찾아볼 수 있다.
관심이 있다면 검색해 보고 직접 실천해 보는 것도 좋은 시작이 될 수
있다.

자신의 내면아이를 만나는 과정에서, 많은 사람이 눈물 흘리곤 한
다. 어른이 되어 작고 연약한 나의 내면아이가 아파하는 모습을 마주
할 때, 자연스러운 연민이 솟아나기 때문이다. 그동안 바쁘다는 이유
로 깊이 생각하지 못했던 내면아이의 고통과 현재의 불편한 감정이
이어지며 복잡한 마음이 들 수도 있다.

하지만 괜찮다. 딱히 특별한 것을 하지 않아도, 내면아이를 마음속
에 품고 그 아이와 수시로 대화하며 다정하게 돌보는 것만으로도 큰
치유가 시작되기 때문이다. 만약 혼자 감당하기 힘든 감정들이 반복

적으로 올라와 일상에 어려움을 겪는다면 주저하지 말고 전문가의 도움 받아보기를 적극적으로 권유한다.

나 역시 명상을 통해 만난 내면아이를 생생하게 기억한다. 아이가 있던 곳은 어두컴컴하고 가구가 전혀 없는 텅 빈 집이었다. 커다랗고 두꺼운 차가운 벽 앞에 아이는 바닥에 앉아 무릎을 안고 고개를 숙인 채 이마를 무릎에 대고 있었다. 내가 그 아이를 부르자 아이는 고개를 들었지만 눈, 코, 입이 보이지 않고 얼굴 전체가 그림자로 덮여 있었다.

그 순간, 나는 공포영화를 보는 충격에 사로잡혔다. 나의 내면아이가 무섭다는 낯선 감정을 느꼈다. 도망가고 싶다는 생각이 들 정도였다. 잘 돌보고 싶다는 급한 마음에 아이에게 화려한 원피스를 입혔다. 하지만 화려한 차림이 불편해 보이고 어울리지 않아 다시 아이에게 어울리는 편안한 옷차림으로 바꿔 입혔다. 그렇게 나는 나의 어린아이를 마음속에 간직하고 꾸준히 돌보았다. 그 결과, 아이의 얼굴에 점점 생기가 돌기 시작했고, 텅 비었던 집에는 침대와 책상 같은 가구가 하나둘 보였다. 마침내 활발하게 활동하는 건강한 아이를 만날 수 있었다.

어린 시절 보호자에게 방임을 겪거나 비난, 상처를 받았다면, 성인이 되어서도 이러한 경험은 관계에서 되풀이될 수 있다. 예를 들어 친정 부모님에게 무시를 당하며 자랐다면, 현재의 관계에서도 무시당하는 일에 예민한 반응이 나올 수 있다. 심지어 상대방이 무시하지 않은 상황에서도 무시당한다는 느낌을 받을 수 있다. 하지만 이제 상황을 객관적으로 판단하고 관계를 결정할 힘이 생겼다. 이제는 그때의 무력했던 작은 아이가 아니다. 자신을 스스로 보호하고 챙겨줄 힘이 있다는 것을 인지해야 한다.

내면아이가 치유되면, 굳게 닫히고 날카로웠던 마음이 열리고 유연해지면서 정서적으로 편안함을 찾을 수 있게 된다. 이러한 변화는 인간관계에 대한 신뢰를 높여주며, 더 건강한 관계를 맺을 수 있는 토대가 되기도 한다. 과거에 묶여 새로운 희망과 행복을 받아들이지 못하는 상황은 참으로 안타까운 일이다. 이러한 불안은 자녀에게 고스란히 전달된다.

실제로 어머니들이 상담에서 "제 불안이 아이에게 전염된 것 같아요."라고 자주 말씀하신다. 엄마의 감정이 아이에게 전해지고, 아이의 감정을 다시 엄마가 느끼게 되면서 해결하기 어려운 순환이 반복된다. 하지만 중요한 사실은 우리는 과거를 치유하고 온전히 받아들일 수 있다는 것이다. 현재가 재해석되면 과거가 재해석되며, 곧 미래의 방향성을 바꾸는 힘을 가지게 된다.

나는 상처받은 내면아이 치유 관련 서적을 정독하고 실천하는 과정에서, 어린 시절에 받았던 수치심을 떠올리고 이를 받아들였다. 그 결과, 모든 것을 혼자 결정하고 힘든 일이 있어도 도움 없이 혼자 끙끙댔던 과거의 나와는 달라졌다. 이제는 쉽게 도움을 요청하고, 고민되는 업무가 있으면 스스럼없이 동료들에게 자문한다. 그러면 그들은 기꺼이 도움을 주고, 나 또한 그들 덕분에 가장 좋은 대안을 선택할 수 있게 되었다.

이는 '혼자 지내는 세상'에서 '함께 지내는 세상'으로 나온 것과 같은 것이다. 무엇보다 가장 좋은 점은 나를 포장하지 않고 있는 그대로 받아들이게 되었다는 것이다. 가식적이지 않고, 자신을 감추고 억지로 행동했던 모든 것들이 자연스러워졌다. 이러한 진정한 자유를 당신도 반드시 경험하고 누릴 수 있기를 진심으로 바란다.

이 글을 읽는 엄마들은 '내가 상담사이기 때문에 내면아이 치유가 가능했을 것'이라고 생각할지 모른다. 하지만 글을 읽는 당신과 나는 같다. 나는 그저 한 아이를 키우는 연약한 엄마일 뿐이다. 우리는 모든 면에서 연약하지만, 엄마이기에 또 강하다. 내가 이룬 이 변화는 전문 지식과 전혀 상관이 없다.

나는 오직 자녀와의 관계를 위해 나 자신을 인정하고 받아들이며 노력했을 뿐이다. 여기에 필요한 것은 자녀에 대한 사랑과 나 자신을 받아들일 용기뿐이다. 당신도 당신의 모든 지난날을 스스로 따뜻하게 안아주고 치유할 수 있다. 거창할 필요는 없다. 그저 꾸준히 소소하게 당신의 내면아이를 돌보면 되는 것이다.

4. 완벽한 엄마가 되고 싶다는 환상 때문에

영화 〈퍼펙트 맘〉의 주인공은 이렇게 말한다. "난 그냥 엄마가 되고 싶었는데, 이제는 괴물이 된 것 같아." 이 대사는 수많은 엄마의 복잡한 심경을 대변하고 있다. 우리는 자신도 모르게 '완벽한 엄마'라는 거대한 틀에 갇혀 자신을 괴롭히고 있는 것은 아닐까? 예전에는 아이를 키우는 일이 온 가족, 온 마을의 일이었다.

그러나 지금은 육아의 책임이 오롯이 엄마에게 쏠려 있는 것이 현실이다. 교육 환경을 보면 이러한 부담은 더욱 커질 수밖에 없다. 공교육에서는 사교육을 권장하지 않지만, 사교육 없이 공교육의 속도를 여유롭게 따라가기란 쉽지 않다. 특히 초등 저학년 시기는 학습 면에서 엄마의 영향력이 크게 작용하는 때이다. 더 나아가, 요즘 육아는 단순한 학습만으로 끝나지 않는다. 정서·예체능 교육까지 더해지면서 엄마들은 사교육의 홍수 속에서 도대체 무엇을 선택해야 할지 불안하고 혼란스러운 것이 당연하다.

인터넷에는 엄마 속을 썩이는 아이부터 영재 아이까지, 주관적인 육아 사례들이 넘쳐난다. 이러한 정보의 과부하 속에서 엄마들은 다시 묻게 된다. "도대체 우리 아이는 어느 장단에 맞춰 교육해야 하는 걸까?" 학습은 물론 정서적인 부분까지 엄마의 몫이 되어버린 지금, 우리 엄마들은 도대체 어떻게 아이를 키워야 할까? 이 질문에 대한 답을 이제는 완벽함이 아닌 균형에서 찾아야 할 때이다.

광고 속 엄마는 늘 웃고 있고, 육아 책 속 엄마는 아이와 노는 데 서두르지 않는다. SNS 속 육아 계정은 산뜻하고 평화롭기만 하다. 그런데 현실의 나는 하루에도 몇 번씩 한숨을 쉬고 어디로 가야 할지 몰라 답답할 때가 있다.

때로는 내가 너무 부족해 보여서 아이에게 미안한 마음이 들기도 한다. 잘 정리된 육아서나 전문가가 말한 대로 실천해 보지만, 현실은 생각처럼 흘러가지 않는다. 아이는 교과서처럼 반응하지 않고 상황 역시 매번 교과서와 똑같을 수 없다. 그럴 때면 '이건 왜 안 통하지? 내가 뭘 잘못한 걸까?' 하며, 또다시 자신을 의심하게 된다. 불안은 커지고, 나를 믿는 마음은 점점 작아진다.

거의 모든 엄마가 아이를 처음 품었을 때는 말로 다 표현할 수 없는 감동이 밀려온다. 하지만 그 벅찬 순간도 잠시, 곧바로 우유 온도 맞추기, 목욕시키기, 기저귀 갈기 같은 일들이 쏟아진다. 사랑은 분명한데, 그 사랑을 어떻게 표현해야 할지 모를 때 엄마는 처음으로 깊은 혼란을 마주하는 것이다. 어설프고, 느리고, 실수도 잦다.

그런데 서투름조차 자연스러움으로 허용되지 않는 분위기 속에서 엄마는 자기 자신에게 점점 더 엄격해진다. '이 정도도 못 하면 안 되는 거 아냐?', '엄마라면 당연히 할 줄 알아야지.' 그러다 보면 '나만 이렇게 어려워하는 건가' 싶고, 괜히 기운까지 빠진다. '누구는 척척 해내는 것 같은데, 왜 나는 이렇게 버거울까?' 마음은 위축되고 자신감은 점점 사라지고, 나 역시 그 감정에서 벗어날 수 없었다.

어느 날 아이가 눈을 자주 깜박이기 시작했다. 크게 걱정되진 않았지만, 이유가 궁금했다. 가까운 안과에 데려가 진료실에서 나는 조심스럽게 말했다. "아이가 요즘 눈을 자주 깜박여서요." 그러자 의사는 "집에서 통제를 너무 많이 하시나요?" 하고 물었다. 그 한마디에 나는 당황했다. 그러면서 자연스럽게 혹시 내가 아이에게 통제한 적이 있는지 머릿속에서 비디오를 빠르게 거꾸로 돌려 보았다. 나는 찝찝한 기분으로 "그런 적은 없는 것 같은데요."라고 답했다. 의사는 "틱이 의심됩니다"라고 말을 이어갔다.

그 말을 곱씹으며 집으로 돌아오는 길, 마음이 불안했다. 그날 밤부터 검색이 시작됐다. 틱 증상, 틱 원인, 훈육과 틱의 관계, 통제가 아이에게 미치는 영향 등의 정보를 검색하며 잠도 오지 않았다. 불안은 커지고 과거의 나를 되짚기 시작했다. 아이에게 했던 말들, 반응, 남편에게도 말했다. "당신이 너무 통제해서 그런 거 아닐까?" 누군가의 탓으로 돌리고 싶었지만 사실은 내가 두려웠다. 아이에게 문제가 생긴 건 아닐까, 내가 원인이 된 건 아닐까, 걱정이 됐다.

며칠 뒤, 더 정확한 진료를 위해 종합병원을 찾았다. 의사는 아이의 눈을 한참 들여다보더니 말했다. "아, 알레르기네요. 봄철엔 꽃가루로 눈이 예민한 아이들이 있어요. 안약 넣어주시고 물 많이 주세요.

그럼, 괜찮아질 거예요." 그 말을 듣는 순간, 숨이 놓였다. 안약을 넣은 지 며칠 만에 아이는 평소처럼 돌아왔다.

안심, 다음에 밀려온 감정은 화였다. 나를 흔들어 놓았던 의사에게 화가 났다. 전화를 걸어 항의할까도 생각했지만, 그 의사는 단지 자신의 소견을 말했을 뿐이다. 그리고 그 말을 필요 이상으로 확대하고 불안에 잠식된 건 다름 아닌 나 자신이었다. 나는 완벽한 엄마가 되어야 한다는 생각에 사로잡혀 있었다. 작은 증상 하나에도 모든 걸 바로잡아야만 아이가 잘 자랄 수 있다고 믿었다. 지금 생각해보면 불안한 마음에 스스로 몰아세우고 있었다.

심리학자들은 자신에게 과하게 책임을 돌리고 실패를 두려워하는 마음을 '완벽주의'라고 설명한다. 하지만 여기서 말하는 완벽주의는 단지 꼼꼼하거나 높은 기준을 뜻하지 않는다. 브레네 브라운은 이를 '자신을 보호하기 위한 전략'이라고 표현한다. 비난받지 않기 위해, 실망하게 하지 않기 위해, 자신에게 점점 더 가혹한 기준을 들이댄다는 것이다.

우리는 스스로에게 높은 기준을 부여한다. 이 기준은 아이를 사랑하고, 최선을 다하고 싶은 마음에서 비롯된다는 걸 안다. 하지만 어느 순간, 그 마음이 노력이 아니라 자기검열로 바뀌어버리기도 한다. 더 잘하고 싶어서 시작했는데, 나중에는 '이 정도도 못 하면 안 되는 거 아냐?' 하며 스스로 자책하게 된다. 당위적 사고는 마음을 다잡는 데 도움을 줄 수도 있지만 반복되면 오히려 자신을 끊임없이 평가하고 조급하게 만든다.

반대로 정신분석가 도널드 위니컷은 '충분히 좋은 엄마'라는 개념을 제시한다. 완벽한 엄마가 아이를 잘 키우는 것이 아니라, 실수도 하고, 부족한 면도 있는 엄마가 아이에게 훨씬 더 건강한 영향을 준다는 것이다. 엄마의 자연스러운 모습을 통해 좌절과 회복을 경험할 수 있기 때문이다. 모든 걸 다 맞춰주는 엄마보다 가끔은 틀리고, 감정을 드러내며, 다시 회복하는 엄마와 함께하는 경험이 아이에게는 더 진짜 삶을 가르쳐주는 교육이 된다.

결국 아이에게 중요한 것은 엄마가 다 알아서 척척 해줘야 한다는 착각이 아니라, 어려운 순간에 함께 있어 주는 태도다. 육아 서적을 보는 이유도 아이를 분석하려는 게 아니라 그 안에서 나를 이해하고, 안심하고, 자유로워지기 위해서다. 완벽해지려는 마음이 문제인 건 아니다. 문제는 그 마음에 사로잡혀 나를 끝없이 몰아붙일 때 생긴다. 잘하려는 마음이 어느 순간, 나를 지치게 하고 외롭게 만들기도 한다. 지금의 나도 충분하다. 그걸 알아차리는 순간, 비로소 마음이 편안해진다.

세상에 완벽한 사람은 없다. 완벽한 아이도 없다. 우리는 있는 그대로 각자 존재할 뿐이다. 아이를 완벽하게 키우고 싶다는 욕심은 때때로 우리의 시야를 좁게 만든다. 먼저 엄마인 나 자신을 잘 들여다보자. 내 감정을 객관적으로 바라보고 자신을 이해해 보자. 나를 이해하게 되었을 때, 비로소 아이가 제대로 보이기 시작한다. 우리 아이는 무엇을 좋아하고, 어떤 상황에서 힘들어할까. 그걸 차분히 관찰하자. 아이가 힘들어하는 부분을 해결하겠다고 너무 많은 정보를 검색하지 않아도 괜찮다. 생각보다 많은 답은 이미 엄마 안에 있다.

　정보에 몰두하다 보면, 정작 아이의 표정이 보이지 않게 된다. 아이는 우리가 원하는 대로 자라지 않는다. 그저, 자신답게 자랄 뿐이다. 당신의 아이를, 당신의 아이답게 키우자. 당신 아이의 마음과 눈빛, 행동과 감정을 진심으로 들여다보면 언제나 답을 찾을 수 있다. 무엇보다, 이 모든 것이 불완전함 속에서 이루어진다는 걸 받아들이자.

　우리는 아이를 키우며 고통도 마주하고, 그 속에서 함께 성장해 간다. 그러니 긴 인생이라는 레이스에서 초반에 너무 힘쓰지 말자. 평균에 맞추려고 조급해하지도 말자. 이미 우리 삶은 매우 바쁘고, 벅차고, 치열하게 이어지고 있다. 천천히, 여유롭게, 아이의 눈빛을 바라보며 함께 걸어가자. 그 무엇도 급할 게 없다. 무엇도 당장 해결해야 할 일은 아니다. 그대여, 완벽을 내려놓고, 당신 아이의 이쁨을 마음껏 즐겨도 좋다.

5 상처받지 않는 아이로 키우고 싶은 엄마의 진짜 감정

　많은 엄마들은 자녀를 '상처받지 않는 아이'로 키우고 싶어 한다. 사실, 그런 생각은 현실적으로 어렵고, 오히려 엄마와 자녀 모두에게 부담이 될 수 있다. 스페인 교육자이자 작가인 베아트리스 M. 무뇨스는 '부모가 된다는 것은 어느 정도 자녀에게 상처를 주는 것을 의미하지만, 그 상처는 충분히 치유될 수 있다'라고 말한다.

　간혹 엄마에게 남아 있는 상처가 아이에게 덧씌워질 수 있다. 아이로서는 그저 놀다 다쳤거나 친구와 갈등을 겪는 사소한 일일 뿐인데, 엄마에게는 그 일이 훨씬 크게 다가온다. 아이의 경험임에도 엄마 본인이 마치 자신의 아이 시절로 돌아간 것처럼 마음이 요동치는 것이다.

　이렇게 과거의 감정이 현재 아이를 바라보는 시선에 스며들게 되면 엄마는 아이의 상황을 있는 그대로 보지 못하고 자신의 경험에 비추어 해석하게 된다. 그 결과 아이는 아직 아무 일도 겪지 않았는데도 엄마의 시선 속에서 '상처받은 아이'로 규정되어 버릴 수도 있다.

아이는 사랑스러운 존재로 태어났을 뿐이다. 우리의 과거와 아이의 현재를 분리하는 자세가 필요하다. 부모의 역할은 자녀를 모든 상처로부터 보호하는 것이 아니라, 그들이 삶에서 마주하는 감정과 경험을 건강하게 받아들이고 극복할 수 있도록 돕는 것이다. 이제 이러한 현실을 받아들이고, 자녀의 감정을 인정하며 함께 성장하는 여정을 편안하게 시작해 보자.

한 사례로, 어떤 엄마는 어린 시절 부모님 앞에서 감정을 억누르고 참았던 기억을 떠올린다. 그리고 자신의 아이 역시 감정을 억제하다가 언젠가 예상치 못한 방식으로 폭발하지는 않을까 걱정하며 불안해한다. 또 다른 엄마는 사회생활에서 받은 상처 때문에 아이가 나와 같은 고통을 겪지 않기를 바라는 마음으로 세상의 험난함과 불신을 너무 일찍, 적나라하게 알려주었다. 하지만 아이는 세상의 험난함이 아닌 어머니의 그 말 자체에 상처를 입기도 한다.

이러한 사례들은 부모의 감정과 경험이 자녀에게 어떻게 전달되고, 그것이 자녀의 정서와 행동에 어떤 영향을 미치는지를 분명히 보여준다. 부모의 불안이나 두려움, 그리고 자신의 과거 상처가 아이에게 투사되면 아이도 비슷한 감정을 느끼거나 그 감정에 눌려 자기답게 살아가기 어려워진다.

이때, 엄마에게 필요한 것은 아이를 보호하려는 마음보다 먼저 자신의 감정을 들여다보는 용기다. 아이가 무언가에 힘들어할 때, 내 마음도 동시에 요동친다면 그것은 단순히 아이 때문이 아니라 오래된 엄마의 감정이 다시 반응하고 있다는 신호일 수 있다. 이때 아이의 감정과 내 감정을 구별해내는 연습이 필요하다. 아이의 감정에 반응하기 전에 잠시 멈춰 이건 누구의 경험이자 감정인지 자신에게 물어보는 것만으로도 시작할 수 있다.

자신의 상처를 직접 꺼내고 마주하는 일은 생각보다 어렵다. 때로는 그 기억을 떠올리는 것만으로도 감정이 흔들리고, 다시는 그 시절로 돌아가고 싶지 않다는 마음이 강하게 올라온다. 그렇기에 상처를 다루는 일은 조심스럽게, 천천히, 그리고 무엇보다 안전한 방식으로 이루어져야 한다. 그 첫걸음은 상처를 애써 덮거나 잊으려 하지 않고, '그때의 경험이 내 기억에 아직 남아 있구나' 하고 인정하는 일이다. 이것은 단지 내가 나를 바라봐 주는 태도일 뿐이다.

감정을 조용히 마주하기 시작하면 과거의 사건을 외면하지 않고 그때의 감정들을 있는 그대로 인정하고 받아들이게 된다. 이렇게 되면 자연스럽게 자신을 용서하고 연민하는 마음이 생긴다.

감정을 억지로 꺼내지 않아도 괜찮다. 마음속에서 인정하고, 스스로 다독여주는 연습이 반복되면 어느새 마음의 응어리는 조금씩 풀리기 시작한다.

여기서 중요한 것은 감정을 인정하는 동시에 나 자신을 판단하지 않는 것이다. '내가 너무 약해서 그랬던 거야' '내가 바보 같았지' 이렇게 부정적으로 해석해버리면 감정은 다시 마음속으로 숨어버린다. 우리가 해야 할 일은 그때의 감정을 있는 그대로 바라봐 주는 일이다. '아, 그땐 내가 정말 힘들었구나' 그렇게 담담하게 인정해 줄 때, 감정은 나를 휘두르는 힘을 잃는다.

사건과 감정이 내 안에서 덩어리로 뭉쳐 있는 것이 아니라 긍정적으로 재해석되어 마음속에 새로운 의미로 자리를 잡게 되는 것이다. 이렇게 감정을 있는 그대로 바라보면, 그때의 감정이 내 안에서 잠잠해지기 시작한다. 한때는 생각만 해도 마음이 불편했던 기억이, 이제는 '그랬었지' 하고 떠올릴 수 있을 만큼, 조금씩 가벼워진다. 이제는 갑자기 올라와 나를 흔들거나, 아이에게 튀어나오지 않게 되는 것이다.

정리된 감정은 지금의 나를 지배하지 않고, 아이에게 영향을 미치지 않는다. 그 감정은 이제 내 안에서 온전히 내 몫으로 정리되어 있기 때문이다. 그제야 나는 아이를 '상처받지 않게' 키우려는 조급한 마음에서 벗어나, 아이의 삶을, 있는 그대로 지켜보고 응원해 줄 수 있는 엄마가 될 수 있다.

하루 중 짧은 시간이라도 오늘 내 감정은 무엇이었고, 아이의 감정은 무엇이었는지를 따로 써보는 것도 좋은 연습이다. 이렇게 감정을 구별해 보는 습관은 아이의 마음을 더 명확하게 바라볼 수 있게 해주고, 엄마 자신에게도 큰 안정감을 준다.

엄마가 자신의 감정을 알아차리고 그것을 아이의 감정과 구분하기 시작할 때, 아이는 '엄마의 감정'이라는 무거운 짐에서 벗어나 자기감정으로 살아갈 수 있게 된다. 이처럼 아이와 감정을 분리해 내는 힘은 아이를 있는 그대로 바라보는 데 꼭 필요한 과정이다.

아이가 불안해하거나 친구와 다투고 속상해할 때, 엄마가 먼저 자신의 감정을 안정시켜야 아이의 감정을 고스란히 받아줄 수 있다. 그렇지 않으면 아이는 자신의 감정보다 엄마의 반응을 살피게 되고, 감정을 억누르거나 숨기는 방식으로 배워가게 된다. 반대로, 엄마가 자신의 감정을 조용히 바라보고 나면 아이의 감정에도 훨씬 더 여유 있게 다가갈 수 있다.

엄마가 아이의 감정에 대해 "네가 지금 느끼는 감정은 당연하다."는 식으로 감정 자체를 인정해 주는 순간, 아이는 자신의 감정을 온전히 받아들여진다는 안정감을 느낀다. 이 경험은 아이가 자기감정을 스스로 편안하게 조절할 수 있는 능력을 길러준다.

엄마는 자녀를 상처받지 않게 만드는 존재가 아니라, 삶에서 마주치는 다양한 감정을 어떻게 경험하고 회복하는지를 보여주는 존재다. 아이는 그 모습을 통해 감정이란 피하거나 억눌러야 할 것이 아니라 이해하고 다룰 수 있다는 메시지를 배운다.

결국 아이를 '상처받지 않게' 키운다는 것은 위험을 막는 것이 아니라, 감정을 마주하고 회복하는 힘을 키워주는 일이다. 엄마가 자기감정을 조절하고 아이의 감정을 차분히 받아줄 수 있을 때, 아이는 감정을 탐색하고 다루는 힘을 기르게 된다.

이것은 단순히 위로나 해결책을 주는 것이 아니라 아이의 감정을 인정하고 함께 느끼며 스스로 회복할 수 있도록 도와주는 태도다. 그렇게 자란 아이는 세상 속에서 부딪히고, 아파하고, 다시 일어서는 과정을 통해 자신만의 단단함을 만들어간다.

엄마가 자신의 감정을 바라보고 마음의 매듭을 하나씩 느슨하게 풀어가기 시작하면, 어느 날 문득 억눌렀던 마음이 스스로 열리는 순간이 찾아온다. 오래전에 눌러 두었던 감정이 조용히 숨을 쉬고, '엄마'라는 이름 안에 갇혀 있던 나 자신이 천천히 모습을 드러낸다. 그 자체가 회복의 시작이다.

마음에 쌓였던 부담이 풀리면서 아이를 바라보는 시선에 평온한 여유가 생긴다. 감정이 올라올 때, 예전처럼 휘둘리기보다 "아, 또 이런 마음이 드는구나." 하고 알아차리는 힘이 생긴다. 마음을 통제하려 하기보다는 흘려보내는 쪽으로 삶의 방향이 조금씩 바뀌기 시작한다. 처음에는 마음이 다시 웅크려질 수도 있고, 아이의 말 한마디에 또 흔들릴 수도 있다. 그래도 괜찮다. 중요한 건 나를 도와주려는 나 자신을 느끼는 일이다. 천천히 나를 이해하고 수용하는 그 태도만으로도, 당신은 이미 충분히 변화되고 있다.

아이의 마음을 들여다보기 전에, 오늘 하루 내 마음은 어땠는지 먼저 살펴보자. 나를 먼저 돌볼 때, 아이는 자연스럽게 안정된다. 조급해하지 않아도, 자기만의 속도로 자라난다. 엄마가 가벼워질수록 아이는 더 단단해진다.

아이는 엄마가 자기 자신을 어떻게 대하는지를 통해 감정과 삶을 배워간다. 그러니 이제는 당신이 스스로에게 조금 더 너그러워지길 바란다. 애써 이겨내기보다 자신을 다정하게 바라보는 것, 그 마음이면 충분하다. 나는 당신의 삶과 진심을 깊이 응원하며, 꼭 애쓰지 않아도 괜찮은 날들이 오기를 바란다.

6 원가족의 불행이
아이에게 대물림된다고?

많은 부모가 이런 고민을 털어놓는다. "저도 어릴 때 부모님께 따뜻한 사랑을 받지 못했어요. 그래서 아이에게는 다르게 해주고 싶은데 나도 모르게 부모님처럼 행동할 때가 많아요." 원가족에서 받은 상처가 자녀에게 대물림될까 봐 두려워한다. 하지만 당신은 부모와 다른 사람이 될 수 있다.

최근 뇌 과학 연구들은 우리에게 희망적인 메시지를 전한다. 뇌는 새로운 경험을 통해 평생 변화할 수 있다는 것이다. 실제로 한쪽 뇌를 완전히 제거한 어린이가 남은 뇌로 거의 모든 기능을 해내며 정상적으로 생활한 사례도 있다. 런던 택시 운전사들의 뇌를 연구한 결과, 복잡한 길을 외우는 과정에서 공간 기억을 담당하는 부분이 실제로 커졌다는 사실도 밝혀졌다.

이는 무엇을 의미하는가? 당신이 진심으로 노력한다면 뇌도 그에 맞춰 함께 변한다는 것이다. 어릴 때 배운 감정 반응이나 습관도 마찬가지다. 새로운 방식을 반복하면 뇌는 새로운 길을 만들어낸다.

지금은 우리 부모 세대가 살던 시절과 다른 시대가 되었다. 그때의 부모들은 자신이 받았던 방식 그대로 아이를 키울 수밖에 없었다. "우는 아이 달래주면 버릇 나빠진다" 같은 말들이 당연하게 여겨지던 때였다. 하지만 지금은 다르다. '금쪽같은 내 새끼' 프로그램을 보면 매번 소리 지르던 엄마가 아이의 감정을 먼저 물어보게 되고, 무조건 야단치던 아빠가 아이 눈높이에 앉아 대화하는 법을 배운다.

핸드폰만 보며 아이를 방치하던 부모가 매일 10분씩 아이와 놀이 시간을 갖기 시작하고, 완벽주의로 아이를 압박하던 부모가 "실수해도 괜찮아"라고 말할 수 있게 된다. 부모가 진심으로 변하길 원한다면, 충분히 변할 수 있다는 것이다.

또한 우리는 검증된 육아 정보에 쉽게 접근할 수 있다. 부모 교육, 심리 상담, 온라인 커뮤니티를 통해 언제든 도움을 받을 수 있다. 시대가 유연해진 만큼, 우리 부모들도 충분히 유연한 사람이 된 것이다. 변화는 다짐하는 순간부터 시작된다.

심리학의 자기결정이론은 인간에게는 스스로 변화하고 성장할 내재적 동기가 존재한다고 설명한다. 이 이론에서는 세 가지 심리적 기본 욕구(자율성, 유능감, 관계성)가 충족될 때 지속적인 변화가 유발된다. 실제로 이 이론을 적용한 부모 교육 연구 결과를 보면, 어머니들이 단 8회의 교육만으로도 양육 태도가 긍정적으로 개선되었다는 결과가 나왔다. 이는 양육 방식의 변화가 의식적인 선택과 학습을 통해 얼마든지 가능하다는 명확한 증거가 된다.

서울대학교에서 Z세대 자녀와 어머니의 양육 패턴을 비교한 연구 결과는 이 주장에 힘을 싣는다. 오늘날의 자녀들은 부모의 양육 방식을 더 이상 그대로 답습하지 않는다는 사실이 밝혀졌다. 그 이유는 시대의 변화 때문이다. 정보 접근성이 극도로 높아지고 개인의 가치와 선택이 존중받는 사회 환경 속에서 자녀들은 부모의 경험 외부에 있는 다양한 양육 대안을 탐색하며 자신만의 양육 철학을 새롭게 구성한다. 이처럼 당신도 세대 간 반복에서 벗어나, 내가 원하는 부모의 모습을 새롭게 만들어갈 수 있다.

변화를 위한 가장 강력하고 구체적인 방법은 바로 미래의 이상적인 부모 모습을 선명하게 상상하는 것이다. 스스로에게 질문해 보자. 아이가 성인이 되어 나를 떠올릴 때, 어떤 모습으로 기억되기를 희망하는가? 내가 가장 닮고 싶은 부모는 누구인가? 이러한 구체적인 시각화는 단순한 희망에 머무르지 않는다. 원하는 모습을 구체적으로 상상하고 반복해서 연습하면, 뇌가 실제로 그 방향으로 재배선된다는 연구 결과도 있다. 이상적인 부모의 모습을 선명하게 그릴수록 그대로 실현할 가능성 또한 높아지는 것이다.

많은 부모가 "우리 부모님이 그랬으니 나도 어쩔 수 없어요"라고 말하지만, 이것은 자신에게 거는 무의식적인 자기 구속과 같다. 당신은 부모의 연장선이 아니라, 독립된 개체이다. 부모의 기준을 넘어 새로운 양육 철학을 세울 수 있다. 그것이 오히려 정서적 독립이며, 아이에게 물려줄 수 있는 가장 가치 있는 유산이 된다. '우리 부모님처럼 행동할 수밖에 없다'라는 생각을 '나는 원하는 방향으로 행동할 수 있다.'로 바꿀 때, 당신은 과거의 영향력에서 벗어나 자유를 얻게 될 것이다.

실제로 많은 부모가 이 세대 간의 부정적인 연결 고리를 끊어내고 있다. 어린 시절 감정 표현을 억압당했던 한 어머니는 '내 아이는 다르게 키우겠다.'라고 결심한 후, 학습과 노력을 통해 아이의 감정을 수용하는 부모로 변모했다. 폭언을 들으며 자랐던 한 아버지는 매일 '나는 따뜻한 아버지다'라고 다짐한 결과, 긍정적인 언어를 사용하는 자신을 발견하게 되었다.

변화는 사실 마음의 태도를 바꾸는 간단한 지점에서 시작된다. 이 인식의 전환이 모든 행동의 시발점이 된다. 되고 싶은 부모의 모습을 상상하며 아이를 포용하고, 다정하게 대화하며 침착하게 문제를 해결하는 장면을 시각화하는 노력이 필요하다.

또한 당신의 부모 세대와 다른 방식의 행동 목록을 구체적으로 만들어 눈에 잘 띄는 곳에 비치하고 매일 확인하는 것도 효과적이다. 예를 들면 이렇다. '아침에 일어나면 부드럽게 인사한다.', '잔소리하고 싶을 때 한 문장만 말한다.'와 같이 명료하게 적는다. 그리고 오늘 평소와 다르게 행동했던 긍정적인 순간을 기록으로 남기면 오래 각인된다. 이러한 작은 성취들이 축적되고 쌓여서 결국 큰 변화를 끌어낸다.

배우자와 함께 변화를 약속하는 것은 개인의 노력에 강력한 효과를 더한다. 용기를 내어 배우자에게 자신이 꿈꾸는 구체적인 양육 목표를 공유하라. "나는 완벽을 강요하지 않고 노력을 인정하는 부모가 되고 싶다."와 같이 말이다. 이를 통해 배우자는 당신의 노력을 인지하고 변화의 공동 목표를 인식하게 된다. 여기서 배우자의 역할은 감시자가 아닌 응원자이어야 한다.

변화는 시간이 필요하다. 대신 배우자가 조금이라도 발전된 모습을 보이면 진심으로 칭찬해 주어야 한다. "오늘 아이에게 부드럽게 말하는 거 인상적이었어. 고마워"처럼 미세한 변화도 인정해 주어야 한다. 서로의 조력자가 될 때, 변화는 더욱 쉽게 정착하고 지속성을 갖게 된다.

마지막으로, 가장 중요한 점이 있다. "나는 부모가 걸었던 길과는 다른 길을 걷겠다"고 마음먹는 바로 그 순간, 이미 과거에서 벗어난 새로운 사람이 된 것이다. 우리의 부모 세대는 양육 방식에 대해 깊이 성찰할 기회나 여유가 부족했다. 하지만 지금 이 글을 읽으며 변화를 고민하고 있다면, 그 고민 자체만으로도 이미 충분한 가능성을 가진 사람이다.

과거는 참고 자료일 뿐, 미래를 결정하는 건 아니다. 오늘부터 나만의 건강한 양육 방식을 차근차근 만들어가면 된다. 실수나 작은 실패는 성장의 자연스러운 과정이다.

중요한 것은 원하는 부모가 되기 위해 계속 노력하고 있다는 마음이다. 아이는 완벽한 부모가 아니라, 자신을 진심으로 사랑하고 이해하려 애쓰며 함께 성장해 나가려는 부모를 원한다.

7 친정엄마의 감정을 되풀이 하는 습관

아이를 키우다 보면 문득 낯선 감정과 마주칠 때가 있다. 거울을 보는 것처럼, 내가 어린 시절 엄마에게서 보았던 익숙한 행동이 내 아이에게 향하고 있음을 깨닫는 순간이다. '엄마와는 다르게 키워야지' 다짐했는데도, 어느새 무의식적으로 엄마의 감정 패턴을 그대로 반복하고 있는 나를 발견한다.

지금 내가 아이에게 느끼는 이 감정은 정말 '나의 것'일까, 아니면 과거 기억 속에서 반복되는 '엄마의 감정'일까?

엄마들은 이야기한다. "엄마처럼 화를 내요.", "엄마도 걱정이 많았는데, 저도 엄마와 같은 것 같아요." 하지만 이런 인식은 대체로 표면적이다. 감정은 단순히 타고난 기질이 아니다. 감정을 표현하는 말투, 표정, 반응 방식은 모두 학습된 습관이다. 이 감정 습관은 무의식 깊숙한 곳에 자리를 잡고 있어서 의식하지 않으면 자동으로 되풀이된다. 나아가 나에게서 아이에게로 자연스럽게 전해지게 된다.

나 또한 예외는 아니었다. 감정을 공부했기에 아이의 정서 교육에 큰 문제가 없을 것이라 믿었다. 그런데 어느 날, 아이의 어릴 적 영상을 우연히 다시 보던 중 무심코 반복하고 있던 감정을 마주하게 되었다. 영상 속 아이는 빵을 자르며 말했다. "이렇게 자르면 손으로 먹기 편해." 그런데 나는 아이의 말이 끝나기도 전에 "이제 그만 잘라!" 하며 말을 끊었다. 또 다른 영상에서는 아이가 자신을 '택배 아저씨'라 부르며 장난감을 숨기며 놀고 있었는데, 나는 기다렸다는 듯 "그럼 나중에 찾기 힘들어! 그만해!"라고 반응하고 있었다.

그 순간, 나는 얼어붙었다. 별일 아니라고 무시할 수도 있지만 이상적으로 생각했던 나의 모습과 영상 속 실제 모습은 너무 달랐다. 아이의 이야기에 공감은 커녕, 제대로 들어주지도 않는, 여유라고는 찾아볼 수 없는 엄마가 그곳에 있었다.

그 장면 속 내 목소리를 듣는 순간, 지금까지 해온 육아를 몽땅 되돌리고 싶을 만큼 아찔했다. 아이가 태어난 순간으로 돌아가 다시 키우고 싶다는 마음조차 들었다. 하지만 시간을 되돌릴 수는 없었다. 그래서 지금이라도 내가 할 수 있는 작은 실천을 찾기로 했다.

아이의 정서에 누구보다 잘 공감한다고 생각해 왔지만 아이의 마음을 헤아리기보다는 '이 일을 어떻게 해야 할까'만 앞세우는 엄마만 있었다. 내가 무의식중에 아이에게 했던 행동은 부모님에게 인정받기 위해 감정을 숨기고 해야 할 일을 잘 해냈던 나의 오랜 습관이 무의식적으로 드러난 것임을 깨달았다. 이러한 반복을 심리학에서는 '감정 스키마'라고 부른다.

감정 스키마는 특정 감정에 대한 기억, 해석, 신체 반응이 하나의 덩어리로 통합된 구조로 대개 어린 시절 주요 양육자와의 상호작용을 통해 형성된다. 반복된 상황에서 반복된 반응을 경험하면 그 감정은 '이럴 때는 이렇게 반응해야 한다.'라는 무의식적 규칙으로 굳어진다. 이 스키마는 성인이 되어서도 새로운 상황을 해석할 때 과거의 감정 패턴을 자동으로 불러오게 만든다.

이러한 감정 스키마는 '생각'만으로는 잘 바뀌지 않는다. 실제 상황이 닥치면 우리는 여전히 익숙한 감정 반응으로 되돌아간다. 감정은 인지보다 빠르고, 무의식적으로 반응하기 때문이다. 따라서 감정 습관을 바꾸는 첫걸음은 '지금, 이 감정은 누구의 것인가?'를 식별하는 일이다. 이 감정이 지금 내 아이가 만들어낸 감정인지, 아니면 오래전 엄마 앞에서 내가 느꼈던 감정의 잔재인지를 구분할 수 있다면 우리는 감정 반응 속도를 늦추고 감정과의 거리를 둘 수 있다.

이러한 분리를 위해 먼저 친정엄마와 '심리적 독립'이 필요하다. 물리적으로는 이미 독립했지만 감정적으로는 아직 엄마의 기준에 묶여 있을 수 있다. 내가 엄마에게 인정받기 위해 어떤 모습이 되려 했는지, 어떤 감정 표현이 나를 힘들게 했는지 질문하며 과거의 상황들을 자세히 들여다보는 과정이 중요하다. 이 과정을 통해 엄마와 건강하게 분리되며 온전한 나 자신으로 독립하는 첫걸음을 내딛게 된다.

온전한 나 자신으로 독립하는 첫걸음을 내디뎠다면, 이제는 나와 아이의 기질을 파악해 새로운 엄마의 방향성을 설정해야 한다. 고유한 두 존재를 중심으로 새로운 목표를 세우는 것이다. 아이에게 자신의 불안과 미해결된 감정을 투사하는 대신, 아이를 온전하고 독립된 고유의 존재로 인식하고 바라볼 때 비로소 긍정적인 변화가 시작된다.

이러한 인식의 전환은 감정적 충돌의 빈도를 낮추고 아이를 있는 그대로 존중하는 태도를 자연스럽게 형성한다. 이 두 가지 핵심 과정, 즉 자신이 반복하던 습관을 깊이 마주하는 것과 아이를 객관적으로 존중하는 것을 거치며 자신이 진정으로 원하는 부모의 모습을 만들어갈 수 있다.

나 역시 아이에게 진심으로 사과했다. "엄마가 네 마음을 몰라줬던 순간들이 많았던 것 같아. 미안해. 앞으로는 더 노력할게." 그 말을 들은 아이는 말없이 나를 진지하게 바라보았고, 그날 이후 아이는 자신의 마음속 이야기까지 자연스럽게 더 꺼내기 시작했다. 단 이틀 만에 일어난 놀라운 변화였다.

아이는 부모의 말뿐 아니라, 그 안에 담긴 감정의 변화를 본능적으로 읽어낸다. 그 후로 나는 아이가 하고 싶은 것과 지금 어떤 마음인지를 살피기 시작했다. 해야 할 일을 강조하고 싶은 욕구는 여전하지만, 그 일을 하기에 아이의 마음이 준비되어 있는지 먼저 확인하게 되었다. 아이의 마음을 먼저 들여다보면, 아이도 자연스럽게 다가온다. 감정은 말이 아니라 눈빛과 기다림 속에서 전해진다는 것을 나는 그제야 조금씩 배워가기 시작했다.

우리는 종종 엄마의 감정을 반복하면서도 그것이 내 감정이라고 착각하며 살아간다. 엄마의 불안, 엄마의 말투, 엄마의 방식이 너무 익숙해진 나머지, 닮아있는지도 모르고 살아간다. 하지만 그것은 내가 선택한 것이 아니라, 오랜 시간 자신도 모르게 학습된 것이다. 그 사실을 알아차리는 순간, 우리는 새로운 감정 방식을 선택할 수 있게 된다.

감정의 대물림이라는 말은 어쩌면 무겁고, 회복 불가능한 것처럼 느껴질 수 있다. 하지만 감정의 흐름은 언제든 바뀔 수 있다. 중요한 것은 크게 바꾸는 것이 아니며 변화는 '알아차리는 것'에서부터 된다는 것이다.

엄마의 감정을 되풀이하는 것은 자연스러운 일이다. 그것이 나쁜 것도, 부족한 것도 아니다. 다만 이제는 그 감정을 있는 그대로 바라보고, 알아차리고 조금씩 나다운 방식으로 표현해 보는 용기가 필요할 뿐이다. 그 과정은 거창할 필요가 없다. 아이와 함께 조금씩 배워가면 된다.

엄마가 변하면, 아이의 감정은 더욱 빨리 변화한다. 그리고 그 감정은 가족의 공기를 바꾸고, 다음 세대로 전해질 감정의 유산을 바꿔놓는다. 그러니 지금, 내 마음에 어떤 감정이 올라오는지 잠시 멈춰서 객관적으로 바라봐 주자. 그 감정은 내 것이기도 하고, 내 것이 아닐 수도 있다. 그러나 그 감정을 온전히 알아차릴 수 있다면 우리는 분명 더 다정한 감정의 시작점에 서 있을 수 있다.

8 아이와 엄마의 건강한 감정 경계선을 원한다면

아이가 감정을 드러낼 때, 그 감정이 엄마에게까지 영향을 미치는 상황은 흔하게 발생한다. 자녀가 시험을 망치고 울상을 지으면 엄마의 하루도 가라앉고, 친구와 다투고 속상해하면 엄마 마음도 덩달아 걱정이 앞선다. 아이가 힘들어하는데 남처럼 반응하는 것은 쉬운 일이 아니다. 그렇기에 자녀가 힘들어하면 엄마도 같은 감정을 느끼며 아이의 불안이 엄마의 불안으로 이어진다.

그러나 어느 순간, 엄마는 자신이 왜 이렇게 감정적으로 지치는지 돌아보게 된다. 그때 비로소 깨닫는다. 자신이 아이의 감정을 건강하게 함께 나눈 것이 아니라, 경계 없이 자녀의 감정을 그대로 끌어안고 있었다는 것을 말이다.

이 감정은 공유된 것이 아니라 경계 없이 덩어리로 한데 뒤섞여 있던 것이다. 부모가 아이의 감정에 휩쓸려버리는 상태로, 바로 이 지점에서 감정적 분리가 요구된다. 아이의 감정과 부모 자신의 감정을 명확하게 구분하고 인식하는 과정은, 정서적으로 안정적이고 건강한 부모·자녀 관계를 위한 필수적인 출발점이 된다.

감정에 경계선을 두어야 한다는 말은 많은 부모에게 낯설고 어색하게 느껴질 수 있다. 특히 한국 사회는 오랜 시간 동안 정서적 일체감을 중요한 가치로 여겨왔다. 부모와 아이의 마음이 하나여야 진정한 사랑이라는 문화 속에서, 감정의 경계를 세운다는 것은 거리감을 만드는 행위처럼 오해되기도 한다.

실제로 '가족은 많은 것을 함께해야 행복하다.', '감정 경계가 분리되는 것은 냉정한 것처럼 느껴진다'와 같은 반응은 이러한 배경에서 비롯된 것이다. 그러나 감정의 경계는 차가운 선을 긋는 일이 아니다. 서로의 자율성을 인정하고, 정서적으로 더 안정된 관계를 만들어가기 위한 꼭 필요한 따뜻한 거리이다. 무관심이 아니라 함께 흔들리지 않기 위해 꼭 필요한 보호의 방식이다.

심리학자 머레이 보웬은 이를 '정서적 분화'라는 개념으로 설명한다. 정서적 분화란 타인의 감정을 충분히 공감하면서도 그 감정에 휘말리지 않고, 자신의 정서적 중심을 유지하는 능력을 의미한다. 이는 개인의 심리적 성숙도를 나타내는 중요한 개념으로, 크게 두 가지 측면으로 나뉜다.

첫 번째는 '정신 내적 분화'로, 사건과 감정을 명확히 분리하는 능력이다. 이는 감정적 충동에 휩쓸리지 않고 객관적인 사고를 유지하게 한다. 예를 들어 자녀의 성적이 떨어지는 것에 대해 감정에 압도되지 않고 상황을 차분하게 분석할 수 있는 힘이다.

두 번째는 '대인 관계적 분화'로, 상대의 감정이 나에게 흡수되어

나의 중심을 흔들지 않도록 보호하는 능력이다. 이는 자녀, 배우자의 슬픔이나 불안 같은 상대의 감정에 깊이 공감하면서도, 그 감정이 부모 자신의 정서적 경계를 넘어와 흡수되지 않도록 중심을 지키는 힘이다.

결론적으로, 이 두 가지 정서적 분화 능력은 부모가 자녀의 감정에 휩쓸리지 않고 단단한 경계선을 유지하며, 정서적으로 안정된 태도를 통해 자녀의 성장을 조력하는 데 필수적인 기초가 된다.

다른 사람의 기분이나 의견에 따라 자신의 결정을 쉽게 바꾸지 않는 것과도 연결된다. 정서적 분화 수준이 높은 사람은 외부 스트레스나 가족 관계의 긴장 속에서도 비교적 안정된 모습을 유지할 수 있다. 반대로 분화 수준이 낮은 사람은 타인의 감정이나 의견에 쉽게 흔들리며, 자신의 정체성을 잃기 쉽다.

이는 심리적 불안정으로 이어진다. 부모가 쉽게 흔들리는 모습을 본 아이는 오히려 더 큰 불안을 키울 수 있다. 아이가 부모의 불안을 그대로 느끼며 '정말 어려운 상황인가 봐'라고 생각할 수 있기 때문이다. 부모의 감정이 흔들릴수록, 아이는 감정을 조절하기보다 감정에 휩쓸리는 데 익숙해질 수 있다.

한 어머니는 아이가 친구 문제로 불안해하면 자신이 더 긴장하며 "얘가 또 상처받을까 봐 걱정돼요"라고 말한다. 그러면서 친구 부모나 교사에게 연락해 문제를 대신 해결하려 한다. 결국 아이는 부모의 눈치를 보며 감정을 표현하지 못하고 '엄마가 또 걱정할까 봐, 말하지 못했어요.'라고 말하게 된다.

이처럼 아이는 부모에게 자신의 감정을 솔직하게 드러내기 어려워하고 부모는 아이가 겪는 실제적인 어려움을 제대로 알기 힘들어진다. 또 다른 사례에서는 "아이를 위해 제 시간을 다 쓴 건데, 왜 이렇게 지치는 걸까요?"라는 질문을 던지는 부모도 있었다. 아이의 일정에 맞춰 하루를 보내느라 자신을 위한 시간을 허락하지 않는 경우다. 이처럼 감정의 경계 없이 아이만을 위해 살아온 부모는 결국 자신의 감정을 인식하거나 회복할 힘을 잃기 마련이다.

그렇다면 아이가 불안을 느낄 때, 부모는 어떻게 반응하면 좋을까? 우선, 지금 상황이 '해결해야 할 문제'가 아니라 '감정의 순간'임을 인식해야 한다. 불안은 위기가 아니라 누구나 겪는 자연스러운 감정이기 때문이다. 그 감정을 아이가 스스로 마주할 수 있도록 부모는 곁에서 안정된 모습으로 기다려주는 역할을 해야 한다.

아이의 말에 감정보다 사실에 집중하는 태도가 필요하다. "친구가 나 안 좋아한대"라는 말을 들었을 때 "친구가 너를 왜 안 좋아해? 너도 그 친구랑 놀지 마!"라고 말하기보다, "그래? 속상했겠네. 무슨 일이 있었는데?"라고 반응하는 것이다. 아이의 감정을 먼저 공감하고 조심스럽게 상황을 물어보는 자세가 아이의 마음을 더 말할 수 있게 한다. 부모가 흔들리지 않고 차분히 들어주는 것만으로도 아이는 안정된다.

부모는 자신이 아이의 감정을 흔들림 없이 담아낼 수 있는 그릇이라는 것을 기억해야 한다. 상황을 단단하게 지켜줄 수 있는 사람이라는 인식이 중요하다. 부모의 안정감은 아이에게 정서적으로 숨 쉴 수 있는 공간이 된다.

감정보다 더 중요한 것은 부모가 어떤 반응을 보이는가에 달렸다. 아이가 어떤 결정을 앞두고 감정적으로 말할 때는 아이의 감정을 먼저 받아주고 스스로 생각할 여지를 열어주는 것이 중요하다. 아이를 대신해 부모가 여러 해결책을 제시하기보다 왜 그런 마음이 드는지 스스로 탐색하도록 돕는 질문을 던지는 것이 중요하다.

아이가 자신의 마음을 들여다보고 결정에 책임질 수 있는 방향으로 생각을 정리하도록 부모가 조력자의 역할을 해주는 것이다. 부모가 함께 생각해 주는 태도는 아이에게 감정이 존중받고 있다는 안정감을 주고, 결정하는 힘을 키워준다.

일방적인 지시가 아닌 대화와 탐색을 통해 이루어진 결정은 아이의 만족감도 높고 이후의 책임감 역시 훨씬 더 성숙해진다. 아이는 자신이 존중받는 존재임을 느끼고, 삶을 능동적으로 설계해가는 주인으로 성장할 수 있다. 무엇보다도 감정의 경계선은 아이만을 위한 것이 아니다. 부모가 좀 더 편안한 감정을 느끼고 여유를 가지기 위해서도 꼭 필요하다. 감정을 구분하고 엄마로서 담백하게 중심을 지키는 연습이 쌓일수록 마음은 가벼워지고 일상은 훨씬 평온해진다.

감정의 경계는 사랑을 막는 벽이 아니라, 오히려 사랑을 오랫동안 지켜주는 따뜻한 울타리가 된다. 이 경계가 명확히 지켜질 때 생기는 변화는 분명하다. 아이는 자신의 감정을 자유롭게 표현할 수 있고, 부모는 감정의 소용돌이에서 한 발짝 물러나 중심을 잡을 수 있다. 부모에게 감정적 여유를 줄 뿐만 아니라, 부모로서의 단단한 중심을 되찾게 한다. '우리는 하나'라는 덩어리 의식에서 벗어나 건강하게 독립하는 자유를 경험하게 된다.

이것이 바로 정서적 분화의 힘이다. 사건과 감정을 분리하여 차분하게 상황을 바라보는 능력, 그리고 자녀의 감정에 깊이 공감하되 나의 중심은 흔들리지 않게 지키는 능력. 이 두 가지가 함께 작동할 때, 부모는 자녀의 감정에 휩쓸리지 않으면서도 따뜻하게 공감할 수 있다.

나 또한 아이와의 감정 경계선이 생긴 후, 아이의 감정이 올라올 때 침착해지는 변화를 느꼈다. 예전에는 아이에게 감정의 변화가 일어나면 '이 감정을 어떻게든 해결해 주어야 한다'라는 생각에 불안이 먼저 올라오곤 했다. 하지만 지금은 아이의 감정이 요동칠 때도 나의 행동이 차분해지자, 엄마로서의 내적 권위가 더욱 단단해지는 경험을 했다. 아이의 감정을 진심으로 공감하되, 여유롭게 지켜보는 연습을 해 보라. 그렇게 될 때, 당신은 아이의 감정을 잘 지지해 줄 수 있는 더 편안한 엄마가 될 것이다.

감정 습관을 알아차리고, 받아들이기

감정 습관 찾기

1 감정을 알기 전에 평소 생각을 들여다보기

감정을 편안하게 다루고 싶다면, 가장 먼저 멈춰서 보아야 할 것이 있다. 바로 '내가 무슨 생각을 하고 있는지' 살피는 일이다. 생각을 인식하는 과정은 감정을 보살피는 출발점이며 오랫동안 굳어진 감정 습관을 바꾸는 첫 번째 열쇠가 된다.

우리는 하루에도 수백, 수천 가지 생각을 한다. 잠에서 깨는 순간 어젯밤 끝내지 못한 일이 떠오르기도 하고, 출근길에 마주친 낯선 이의 표정을 보고 "저 사람 기분이 좋지 않네!"라고 느끼기도 한다. 아이가 실수했을 때는 "왜 또 저런 행동을 할까?" 하며 혼잣말처럼 판단을 내리곤 한다. 이러한 생각들은 너무나 빠르게 지나가 대부분은 우리가 객관적으로 인지하지 못한 채 흘러간다.

결국 우리는 자신이 어떤 생각으로 살아가는지조차 인지하지 못한다는 것이다. 겉으로는 감정의 높낮이만 남은 것처럼 보이지만 그 감정의 밑바닥에는 순식간에 스쳐 지나간 생각들이 깊숙이 뿌리내리고 있다. 무의식적으로 떠오르고 스쳐 지나간 생각들을 붙잡아 객관적으로 인지하는 것이야말로 감정 조절의 가장 중요한 첫 번째 과제이다.

특히 엄마가 된 이후에는 아이와의 관계 속에서 유독 강력하고 반복적인 생각 패턴이 형성된다. 아이가 약속을 지키지 않거나, 짜증을 낼 때, 우리는 그 상황을 보는 동시에 이미 머릿속에서 자동적인 사고가 발생한다. '내가 잘못 키웠나 보다', '다른 집 아이들은 안 그런데', '이러다 문제가 더 커지는 건 아닐까?' 같은 판단을 내리게 된다.

이 생각들은 너무나 익숙해서 내 생각인 줄도 모르고 지나가지만 사실상 내 감정을 결정짓는 핵심 요인이 된다. 감정이 올라오는 건 '상황' 때문이 아니라 상황에 대한 '내 해석' 때문이다. 이를 깨닫는 순간, 내 감정과 상황을 한 걸음 떨어져서 볼 수 있게 된다.

한 엄마는 무의식적으로 '아이는 항상 씩씩하고 밝아야 한다.'라는 생각이 있었다. 아이가 웃고 활기차면 안심했지만, 조금만 조용하거나 기운이 없어 보이면 '혹시 무언가 잘못된 것이 있나?' 하며 불안해했다. 그러다 문득, 왜 아이가 조용한 것만으로 불안을 느끼는지 자문하게 되었고, 그 안에 자리 잡은 자신의 무의식적인 생각 습관을 알아차렸다.

아이도 자연스럽게 기분이 가라앉을 때도 있고, 혼자만의 시간도 필요하다는 걸 받아들이자 아이를 바라보는 시선이 편해졌다. 그 이후로는 아이의 표정에 일희일비하지 않고, 아이 모습 그대로 받아들일 수 있었다. 만약 그 엄마가 이 작은 생각조차 흘려보냈다면 아이가 조용한 날마다 이유를 찾느라 불안해졌을 것이다.

이처럼 자동으로 떠오르는 생각을 '자동사고'라고 부른다. 자동사고는 특정 자극에 대해 빠르게 반응하는 방식이며 오랜 시간에 걸쳐 형성된 신념과 경험, 감정의 축적이 바탕이 된다. 부정적인 생각 습관은 실제 현실보다 훨씬 왜곡된 렌즈로 내 삶을 해석하게 만든다.

자기 생각을 깊이 들여다보는 일은 때때로 불편함과 혼란을 가져온다. 어떤 생각은 너무나 생생하고 날 것 같아 스스로 놀라게 만들기도 하고, 어떤 것은 부끄러워질 만큼 낯설게 느껴지기도 한다. '나는 이런 사람이 아닌 줄 알았는데', '왜 이렇게 별로인 생각이 자꾸 들지?', 하는 의문이 올라올 수도 있다.

하지만 이런 생각들에 일일이 판단하지 않는 것이 가장 중요하다. 감정은 저절로 일어난 것이지 그 감정이 당신은 아니라는 것이다. '이런 생각은 고쳐야 해', '더욱 양심적인 생각으로 바꿔야 해'라고 애써 조정하려 하기보다, 그저 '내 안에 이런 생각이 있구나.' 하고 가볍게 받아들이는 태도가 필요하다. 판단하기보다 수용이 먼저일 때, 우리는 비로소 자기 자신을 온전히 받아들일 수 있으며, 단단히 묶여 있던 감정 습관의 고리를 느슨하게 만드는 힘이 된다.

나도 자기 생각을 지켜보는 과정을 통해 나 자신을 한 발짝 떨어져서 바라볼 수 있게 됐다. 예전에는 감정이 올라오면 그대로 반응했고 감정의 언어를 아이에게도 고스란히 전달하곤 했다. 하지만 어느 순간부터는 마음에 들지 않던 감정들이 더 이상 두렵게 느껴지지 않았다. 물론 부정적인 감정이 올라올 때 반갑게 맞이하지는 못했지만, 그 감정이 나를 덮치기 전에 알아차릴 수 있게 된 것이 핵심이다. 내 감정을 예보처럼 부드럽게 읽어주기 시작한 것이다.

그랬더니 자동적으로 반응 속도가 늦춰지고, 그 안에 가려져서 보이지 않던 다른 마음들이 서서히 드러나기 시작했다. 그 결과, 나뿐만 아니라 아이와 남편의 감정까지도 함께 생각해볼 만큼 마음에 여유가 생겼다. 감정의 파도에 휩쓸린 상태에서 벗어나 비로소 나의 중심을 잡을 수 있게 된 변화라 할 수 있다.

우리는 무의식적으로 자주 떠오르는 생각을 사실처럼 받아들이는 경향이 있다. 하지만 그 생각은 객관적인 진실이 아닐 수도 있다. 내가 반복해서 들어온 이야기일 수도 있고, 어릴 때부터 학습된 정서적 유형일 수도 있는 것이다. 예를 들어, '나는 소외당할 거야'라는 생각이 머릿속에 자리 잡으면, 실제로 주변의 작은 말이나 행동도 모두 그 생각의 증거처럼 느껴진다.

이런 생각 습관이 우리의 감정 방향을 결정하게 된다. '우리 아이는 왜 이렇게 극성맞지?'라는 생각을 고수한다고 가정해 보자. 이 생각이 필터가 되어 아이가 조용히 혼자 책을 읽는 장면은 쉽게 지나쳐 버리는 대신 떠들고 엉뚱한 행동을 하는 장면만 더 도드라져 보이게 된다. 이런 감정은 점점 더 확증되고 습관이 되는 것이다. 생각을 인지하고 방향을 바꾸는 것, 이것이 우리가 감정의 습관을 해체할 수 있는 첫 단추가 된다.

감정을 다루고자 할 때, 가장 중요한 것은 지금 내가 어디에 주의를 기울이고 있는지를 살피는 것이다. '나는 왜 이 사건을 중요하게 생각할까?', '다른 방향으로 전혀 생각할 수 없는 상황인가?'라고 스스로에게 질문을 던져보자.

감정은 조절하기 어려워 보인다 해도, 감정을 만들어낸 '생각 습관'을 인식하는 순간부터 달라지기 시작한다. 지금 내 안을 스치고 지나가는 생각 하나를 살펴보는 것이 가장 현실적인 방법이다. 오늘 당신은 어떤 생각을 반복했는가? 그 생각은 어떤 감정을 데려왔을까? 단지 그런 질문을 던지는 것만으로도 감정은 다른 길을 선택할 수 있다.

엄마의 생각은 자녀, 배우자와 깊이 연결되어 있다. 만약 엄마의 생각이 고정적인 내용들로 가득 차 있다면, 자녀와 배우자의 가능성을 보지 못한 채 계속 그들을 고치려고만 하게 된다. 엄마의 생각은 곧 말이 되고, 그 말은 자녀와 배우자의 모습에 깊은 영향을 미치게 된다.

우리가 자주 하는 생각은 사실이 아닐 수 있다. 하지만 자기 생각을 진실이라고 확신하고, 자녀와 배우자를 바꾸려 든다. 결국 그들이 가진 고유한 원석은 놓치고 만다. 익숙한 생각에 갇혀, 그것이 진짜 현실인지 무의식적인 왜곡인지조차 구별하지 못하게 된다.

자녀는 엄마의 생각이 바뀐 만큼 자연스럽게 성장해 간다. '아이는 믿어주는 만큼 자란다.'라는 말이 있듯 엄마의 생각 습관이 달라지면 가족들의 행동이 변하니 이 얼마나 반가운 일인가?

물론 마음을 단단히 먹어도 다시 예전의 습관적인 반응으로 되돌아갈 수도 있다. 하지만 그래도 괜찮다. 그럴 땐 자책하지 않고 다시 시작하면 그만이다. 중요한 것은 계속 제자리로 돌아오려는 마음이다. 이 모든 연습의 궁극적인 목적은 가족의 화목을 위한 것이 아니다. 엄마 자신의 마음을 평화롭게 하기 위한 것이다. 내 생각을 인지하는 게 불편하더라도, 있는 그대로 발견하고 받아들여야 한다. 그것이 나 자신을 온전히 받아들이는 과정이 된다.

2 내 감정 속 수많은 인지오류 발견하기

고등학교 시절의 일이다. 비가 세차게 쏟아지던 어느 날, 나는 우산을 든 학생들 사이에 끼어 건널목을 걷고 있었다. 그 순간 그만 미끄러져 넘어지고 말았다. 수많은 시선이 일제히 내게 꽂히는 느낌, 얼굴은 활활 타오르는 듯 화끈, 옆을 걷던 절친한 친구는 아무 말 없이 고개를 숙여 나를 내려다봤다. 그녀의 얼굴에는 엷은 미소가 걸려 있었다. 순간 내 안에서 수많은 생각이 폭발했다. '왜 도와주지 않고 저렇게 웃기만 하면서 가만히 서 있는 거지?' 그날, 내 머릿속의 인지오류들을 이제 하나씩 같이 꺼내 보자.

친한 친구의 작은 웃음을 곧장 '비웃음'이라 느끼고 그 해석을 진실처럼 받아들였다. 이는 '마인드 리딩'에 해당한다. 우리는 상대의 마음을 정확히 알 수 없음에도 불구하고 마치 다 아는 것처럼 확신하는 대표적인 인지오류를 저지른 것이다.

나는 그 웃음에 담긴 진짜 의미를 알지 못했다. 그저 내 혼란스러운 감정이 만들어낸 주관적인 해석을 사실처럼 믿어버린 셈이다.

'나를 돕지 않는다면, 나를 비웃는 것'이라는 생각 또한 자리 잡았다. 도와주지 않고 가만히 있는 친구의 행동을 나쁜 의도로만 해석한 것이다. 상대방의 행동을 두 극단적인 범주 중 하나로만 판단해 버리는 흑백 논리적 사고를 한 것이다.

마지막으로, 나는 '친구라면 당연히 나를 도와줘야 한다.'라고 생각했다. 이러한 사고가 바로 '당위적 사고'이다. 친구가 당장 나를 부추겨 세우거나 괜찮은지 물어봐 주어야 한다는 당위적 사고를 한 것이다.

당위적 사고는 어떤 상황에서 자신이 해야 할 일이나 다른 사람이 해야 할 일을 마치 당연한 것처럼 여기는 인지오류다. 내가 생각한 당연한 일이 이루어지지 않았다는 것만으로 친구의 태도를 서운하게 느낀 것이다. 사실 그것은 나의 기준일 뿐, 그 순간 친구가 꼭 해야 할 절대적인 일은 아니었을지도 모른다.

그날의 작은 실수 하나가 이토록 수많은 인지적 함정을 만들어냈다는 사실이 놀랍지 않은가? 우린 흔히 이런 인지오류들을 인식하지 못한 채 살아간다. 엄마라면 이러한 오류들을 알아차리고 바로잡는 것이 더욱 중요해진다. 인지오류는 너무 당연하게 인지되어 그 존재조차 알아차리지 못하고 그것을 사실로 믿는 경우가 흔하다.

육아하면서 나도 모르게 고집했던 인지오류가 있다. '자기감정 무시'와 '자기 부정'이다. '최선을 다해야 해', '힘들어도 괜찮아', '희생할 수 있어', '참고 견딜 수 있어', '나는 엄마니까 참고 견딜 수 있어.' 이런 생각들이다. 이렇게 나열만 해도 벌써 숨이 막히는 기분이 든다.

일하다 보면 각종 서류 업무와 학생들의 무거운 고민이 유난히 힘들게 느껴지는 하루가 있다. 퇴근하는 순간 벌써 몸이 지쳐 있지만, 또다시 집에서 밥을 짓고 반찬을 준비한다. 밥을 차리고, 먹이고, 설거지까지 마치고 나면 이제 아이 숙제를 봐줘야 한다. 심지어 나는 아직 씻지도 못한 상태다. 숙제를 봐주다가 결국 큰소리가 터진다. 몸이 지치면 외식하거나 포장 음식을 먹을 수도 있지만, '좋은 엄마는 밥을 직접 차려줘야 해'라는 혼자만의 믿음 때문에 끝까지 버텨보려 하다가 결국 힘들어지고, 그 감정이 아이에게 터져 나오게 된다.

또 몸이 너무 피곤해도 아이의 부탁을 쉽게 거절하지 못하는 경우가 있다. 남은 에너지를 모두 써버린 늦은 밤, 아이는 엉켜 있는 장난감 줄을 풀어달라고 요구한다. 피곤한 기색을 감추지 못하고 좋지 않은 표정으로 줄을 풀고 있자, 남편이 물었다. "왜 아이에게 거절을 못해?" 그제야 나는 스스로 만들어놓은 의무감의 무게를 자각하게 됐다. 이것이 바로 자기감정 무시와 자기 부정의 오류가 작동하는 방식이다.

내 몸이 보내는 신호나 내 감정 상태는 무시한 채, '엄마라면 아이의 부탁을 들어줘야 한다.'라는 나만의 기준에 맞추려 애쓴 것이다. 진정한 나 자신을 부정하고, 상황에 끌려가는 선택을 반복하는 모습이다. 자기감정 무시는 자신이 느끼는 감정을 인정하지 않고 무시하는 것이다. "내 감정은 중요하지 않아.", "아이를 잘 돌보는 것이 더 중요해." 이런 식으로 스스로 감정을 뒤로 미루는 것이다.

또 내가 가지고 있는 흔한 오류는 모든 것이 엄마 탓이라고 믿는 것이다. "내가 그때 그렇게만 하지 않았더라면" 하면서 끝없는 후회와 자책의 소설을 쓰는 것이다.

하지만 같은 부모 밑에서 자란 아이들도 자신의 성향대로 다르게 자란다. 모든 것이 엄마의 탓이 아니다. 아이의 기질, 환경, 성장 과정이 모두 영향을 미친다. 엄마가 모든 것을 통제할 수 있다고 믿는 것도 인지오류 중 하나다.

많은 엄마가 빠지기 쉬운 생각이 있다. '아이의 행복은 전적으로 내 책임이다.' 아이가 힘들어하는 모습을 보면 자동으로 '내가 뭘 잘못했을까?'를 떠올린다. 하지만 아이의 행복은 엄마 혼자 만드는 것이 아니다. 모든 환경이 복합적으로 작용한다. 아이의 결과를 나 혼자 책임지려는 생각은 결국 나를 더욱 지치게 만든다.

이런 오류들을 풀어보는 데 도움을 주는 방법이 바로 인지행동치료다. 인지행동치료는 마음속에 떠오르는 생각을 자동으로 믿지 않고, 그것을 객관적으로 바라보는 연습이다. 생각을 억지로 긍정적으로 바꾸려 하지 않는다. 떠오른 생각을 객관적으로 들여다보고, 사실인지 아닌지를 살펴보고, 때로는 다른 해석의 여지를 허락하는 것이다.

엄마로서 '나는 늘 참고 희생해야 해.'라는 생각이 들 때, '지금 내가 참고 있는 것이 진짜 아이를 위한 걸까, 아니면 혼자 만든 기준에 사로잡힌 걸까?'를 물어보는 것이라고 할 수 있겠다. 이렇게 작은 질문을 던지며 생각을 점검하는 습관이 쌓이면, 점점 나를 가볍게 만들수 있다.

인지행동치료는 생각을 점검하고 수정하는 체계적인 과정을 따른
다. 일반적으로 이러한 단계를 거쳐 진행된다.

1. 문제 정의 및 목표 설정: 현재 겪고 있는 구체적인 어려움(예: 과도한 불안,
   거절 못 하는 문제) 명확히 정의하고, 치료를 통해 도달하고 싶은 현실적인
   목표를 설정한다.

2. 자동적 사고(인지 오류) 파악: 문제가 발생하는 상황에서 즉시 떠오르는 자
   동적 사고가 무엇인지 기록하고 확인한다. (예: '넘어졌을 때 친구가 나를
   비웃는다', '엄마는 늘 희생해야 한다')

3. 인지오류 점검 및 평가: 파악된 자동적 사고가 사실인지 아닌지 증거를 수
   집하며 객관적으로 따져본다. 이 과정에서 마인드 리딩, 당위적 사고 같은
   인지 오류 유형을 발견한다.

4. 대안적 사고 개발: 기존의 비합리적인 생각(자동적 사고)을 대체할 수 있는
   합리적이고 균형 잡힌 다른 해석을 찾아본다. (예: 친구가 당황해서 얼어버
   렸을 수도 있다.)

5. 행동 변화 연습 (행동 실험): 새로 만든 합리적인 생각을 실제 상황에 적용
   해 보고 결과를 관찰한다. (예: 아이의 작은 부탁 중 하나를 합리적인 이유
   를 들어 거절해 본다.)

6. 기술 일반화 및 재발 방지: 치료를 통해 배운 생각 점검 및 행동 변화 기술
   을 일상생활의 다른 문제에도 적용해 보고, 문제가 재발했을 때 대처하는
   방법을 익히며 치료를 마무리한다.

인지오류를 알아차려야 하는 이유는 단순히 부정적인 생각을 멈추기 위해서도 아니며 생각을 억지로 긍정적으로 바꾸기 위해서도 아니다. 인지오류를 인식하는 진짜 목적은 사실이 아닌 것을 믿고 힘들어하는 나를 알아차리고, 그 굴레에서 나를 자유롭게 하기 위함이다.

우리는 종종 '모두가 나를 평가할 거야', '이런 일이 생긴 건 전부 내 잘못이야.', '나는 한 번 실패하면 영원히 실패할 거야' 같은 생각을 아무런 의심 없이 진실처럼 믿고 살아간다. 하지만 이 생각들이 정말 사실인지 우리는 잘 따져보지 않는다.

내가 만들어낸 생각과 감정을 사실이라고 믿는 순간, 그 믿음이 내 삶을 무겁게 만들고 나를 스스로 가두게 된다. 반대로 이 생각들이 사실이 아닐 수도 있다는 것을 알아차리는 순간, 우리는 그 생각에 끌려가지 않고 새로운 선택을 할 수 있게 된다. 생각은 떠오를 수 있지만 그 생각이 나를 끌고 가지 않게 되는 것. 그것이 인지오류를 알아차리는 힘이다.

특히 엄마들의 자신을 몰아붙이는 생각은 아이에게까지 영향을 주기 쉽다. 예를 들어, '할 일은 무조건 해야 해', '힘들어도 끝까지 해야 해.' 같은 믿음을 가진 엄마는, 아이에게도 자연스럽게 같은 기준을 기대하게 된다. 아이가 피곤해하거나 힘들어해도 "끝까지 해야지!", "힘들어도 절대 포기하면 안 돼."라고 무심코 말하게 된다. 그 결과, 아이 역시 자기 한계를 인정받지 못한 채, 끊임없이 자신을 몰아붙이게 된다. 아이는 엄마처럼 자신의 감정을 무시하고, 무리해서라도 버티려는 습관을 배우게 된다.

엄마가 일어나는 생각과 감정을 편안하게 바라보고 수용할 때, 아이도 자연스럽게 자신의 상태를 인정하고 존중받을 수 있게 된다. 나를 자유롭게 하는 연습은 결국 아이에게도 자신을 존중하는 법을 가르치는 일과 같다. 엄마의 작은 변화가 아이에게 건강한 자아존중감을 물려주는 가장 현실적인 방법이다. 그것이 우리가 인지오류를 알아차리고 풀어내야 하는 핵심적인 이유이다.

3 나도 모르는 부정적인 감정 습관 알아차리기

어쩌면 당신은 이미 부정적인 감정 습관에 너무 깊이 익숙해져 있는지도 모른다. 이 감정들은 너무 오랫동안 자연스럽게 느껴져서 마치 사실인 것처럼 여겨진다. 의심조차 하지 않은 채 그냥 '원래 그런 것'이라고 받아들인다.

하지만 사실 그 감정들은 당신 스스로 오랜 시간 동안 무의식적으로 만들어 온 '생각의 틀'이 빚어낸 결과일 수 있다. '나는 배우는 속도가 느려' 또는 '나는 어차피 안돼'와 같은 생각을 반복하게 되면, 현실을 바라보는 시야를 왜곡하는 필터가 된다.

정작 자신이 부정적인 사고를 하고 있다는 사실조차 알아차리기가 어렵다. 예를 들어, '중요한 일에 늘 실수를해'라는 생각을 굳게 믿고 있다고 가정해 보자. 당신은 중요한 회의를 앞두고 무의식적으로 새로운 시도를 회피하는 쪽을 선택하게 될지도 모른다. 어차피 실수할 것이라는 기본적인 생각 때문에 적극적으로 의견을 내거나, 어려운 업무를 맡지 않으려 할 수 있다. 이는 결국 당신의 성과를 제한하는 결과를 가져오며 결국에는 '역시 나는 실수를 하는 사람이 맞아'라는 생각을 증명하게 된다.

이것이 바로 당신이 만든 생각이 현실을 창조하는 방식이다. 당신에게는 그 틀을 벗어날 수많은 기회가 있었는데도 불구하고, 그 틀 안에서만 움직이면서 자유로운 선택의 가능성을 스스로 차단하고 있는지도 모른다.

나 역시 오랫동안 스스로 꼼꼼하지 못하고 덜렁거리는 성향이라고 믿으며 살아왔다. 그러다 은행에 제출할 서류를 준비했을 때다. 직원이 여러 서류를 헷갈리지 않도록 번호를 매겨 정리했을 뿐인데, 은행 직원이 웃으며 나에게 말했다. "이렇게 꼼꼼하게 번호까지 써오신 고객님은 처음이에요." 순간 어리둥절한 기분이었다. 나에게는 너무나 자연스러운 행동이었기 때문이다.

비슷한 경험은 또 있었다. 일을 하던 중 다른 동료가 정리된 내 서류를 보더니, "선생님처럼 정리하니까 훨씬 보기 좋네요. 저도 지금 그렇게 정리해 봐야겠어요."라며 나의 서류 정리 방법을 참고했다. 그때 나는 새로운 생각이 들었다. "아, 나에게도 꼼꼼한 면이 있구나" 하며 40년이 지나서야 알게 되었다. 그 뒤로도 나의 행동을 관찰하니 꼼꼼한 구석이 꽤 많았다. 그동안 나는 나의 꼼꼼했던 순간들은 의식하지 못한 채, 실수했던 순간들만 기억하며 자신을 규정해 온 것이다.

이처럼 자신을 제대로 바라보는 일은 생각보다 쉽지 않다. 우리가 믿고 있는 '나'라는 존재는 과거의 일부 경험과 제한된 인식에 불과할 수 있다. 당신이 알고 있는 당신도 진짜 당신의 전부가 아닐 수 있다.

우리는 생각하는 것보다 훨씬 많은 장점과 가능성을 지니고 있지만 아직 그것을 발견하지 못하고 있을 뿐이다. 그렇다면, 우리는 왜 이렇게 자신을 제한하는 신념을 품게 되었을까?

그 원인의 뿌리는 대부분 어린 시절로 거슬러 올라간다. 어린 시절은 우리가 아직 자신에 대한 확고한 기준이 없었을 때이다. 이 시기, 부모님이나 선생님, 주변 어른들이 들려주는 말을 그대로 받아들일 수밖에 없었다. "너는 왜 그렇게 느려?", "잠깐이라도 가만히 있지 못하는구나!" 이런 말들을 자주 반복해서 들으면 어느 순간 아이는 그것을 사실로 수용하게 된다.

어른이 된 후 실제로 많은 것을 잘 해내고 있음에도, '나는 느린 사람', '나는 가만히 있기 힘든 사람'이라고 스스로 규정짓게 된다. 잘 해낸 순간은 무시하고, 자신의 부정적인 틀에 맞추어 증명하려 한다.

어린 시절 반복적으로 들었던 말들은 우리의 무의식에 깊숙이 박힌다. 그래서 우리는 지금 멈춰 서서 물어보아야 한다. '내가 믿고 있는 이 생각은 진짜 사실일까?', '어쩌면, 이것은 누군가에게 들었던 말들을 사실처럼 생각하고 있지는 않은가?'라고 말이다.

이런 신념은 아이를 대할 때도 무심코 반복된다. '우리 아이는 집중을 못 해'라고 믿고 있으면, 아이가 산만한 순간만을 골라서 기억하게 된다. 아침마다 느릿느릿 준비하는 아이를 보면서 '원래 느린 아이'라고 단정하거나 숙제를 미루는 모습을 보고 '우리 아이는 스스로 하지 못해'라고 규정해 버리기 쉽다. 하지만 사실은 누구나 아침에 늦게 움직일 수 있고, 누구나 숙제를 하기 싫어할 수도 있다. 어른인 우리도

해야 할 일을 미루고 싶을 때가 있지 않은가? 사건 자체는 사실이 아니다. 그 순간을 전체 성향으로 단정하는 우리의 해석 습관이 문제라는 것이다.

그럴 때 필요한 것은 아이를 다시 보는 연습이다. 느리게 준비했던 아이가 어떤 날은 스스로 옷을 챙겨 입고 시간을 맞출 수도 있다. 숙제를 미루던 아이가 어느 날은 좋아하는 주제에 몰입해 과제를 끝내기도 한다.

아이는 고정된 존재가 아니다. 매 순간 변화하고, 다양한 모습으로 꾸준하게 성장하는 존재다. 제한된 시선으로 바라보고 말하게 되면 아이는 그 이상 발전할 수 없게 된다. 특히 "너는 피곤하면 항상 짜증을 부리는구나!" 같은 말은 더욱 조심해야 한다.

소중하고 사랑스러운 우리의 아이가 "나는 피곤하면 항상 짜증을 내는 아이야."라고 스스로 생각하는 게 얼마나 많은 가능성을 저해하고 있는지 알아야 한다. 엄마는 순간의 감정을 전체로 확대하여 보지 않고, 매일 달라지는 아이의 변화와 가능성을 항상 열어두어야 한다.

또한 아이의 긍정적인 감정을 키우기 위해서는 엄마와 아빠가 아이와 대화를 많이 나누는 것이 도움이 된다. 특히 아빠와의 대화는 청소년기의 긍정적 사고를 향상하게 시킨다는 연구 결과도 있다. 이때 '개방적 의사소통의 질'이 핵심적인 요인으로 작용한다. 청소년이 아빠와의 대화를 긍정적이고 개방적이라고 느낄수록 우울감은 낮아지고 행복감은 높아지는 경향이 나타난다고 한다.

아빠의 양육 참여는 아이의 지능 향상과 논리적인 사고 발달에도 도움을 주며 아이들의 삶의 만족감은 높아지고, 불안감과 우울감은 낮아지며, 자존감이 높게 형성된다. 자존감이 높은 아이는 당연히 실패나 어려움 앞에서도 긍정적인 태도를 유지할 가능성이 커진다.

누군가는 넘어졌을 때 "나는 항상 여기서 넘어져"라고 자책하지만, 누군가는 "내가 넘어지지 않고 잘 갔던 적도 많았지!" 또는 "이제 일어서는 법을 배웠네"라고 해석한다.

우리 삶은 같은 사건을 마주했을 때 긍정과 부정 중 무엇을 선택하느냐에 따라 전혀 다른 경험과 결과가 나타난다. 그러므로 우리가 가진 고정된 마음에 얽매이지 않고, 자신을 더 큰 가능성을 가진 시야로 확장해서 바라보는 것이 무엇보다 중요하다.

이러한 감정 습관은 우리의 일상과 다음 세대에게까지 영향을 미친다. 스스로 자주 실패했다는 생각이 든다면 '성공한 경험은 무엇이었나?' 하고 물어볼 수 있다. 이는 당신의 능력과 가치를 입증하는 균형 잡힌 증거를 찾도록 돕는다.

"실패한 후 긍정적으로 변화되거나 성장한 것이 있는가?"라는 질문은 실패를 단순한 끝이 아니라, 값진 교훈과 발전의 계기로 재해석하게 한다. 당신은 좌절 속에서 회복 탄력성을 키웠거나, 새로운 방법을 배웠을 수 있다. "이번 일은 과거의 모든 실패와 동일한가?" 하고 자문함으로써, 당신은 현재의 도전이 과거의 경험 때문에 부풀려져 해석되고 있지는 않은지 점검한다. 각각의 사건을 독립적으로 바라볼 때, 현재 상황을 더 객관적으로 평가할 수 있다.

오랫동안 익숙해진 부정적인 감정은 마치 낡은 녹음기처럼 반복해서 작동한다. 그러나 당신은 녹음기를 끄고 새로운 채널에 맞추어 능동적으로 대본을 쓸 수 있는 주체이다. 자신에게 좋은 점수를 주고 격려하는 행동은 당신의 뇌에 새로운 신경 경로를 만드는 훈련이라고 볼 수 있다.

이 새로운 신경 경로는 '낡은 감정 습관'을 끊어내는 구체적인 전략이 된다. 당신의 뇌는 실패나 어려움이 닥칠 때마다 자동 반응적으로 우울, 불안, 자책의 감정을 불러일으킬 수 있다. 하지만 의도적으로 '나는 성장하고 있다'라고 말해주는 순간, 이 자동 회로가 작동하기 직전 에 '멈춤 버튼'을 누르는 것과 같은 효과가 있다. 이 '멈춤'의 경험이 반복될수록 당신의 많은 가능성을 발견하게 된다.

궁극적으로 좋은 엄마가 되는 가장 큰 비결은 자기 자신에게 가장 친절하고 다정한 존재가 되어주는 데 있다고 할 수 있다. 자신을 친절하게 대하는 마음이 아이에게도 전달되는 것이다.

4 감정과 나를 분리하자

엄마는 자녀로 인해 하루에도 수많은 감정을 경험한다. 엄마가 되는 순간, 그 생각과 감정은 훨씬 더 복잡하고 많아진다. 감정이 올라오면, 마치 그것이 곧 내 정체성인 것처럼 반응하게 되고 부족하다는 느낌이 들면 자신을 부족한 사람이라 여긴다. 죄책감이 밀려오면 자책하는 엄마가 되는 것이다. 실망하면 나는 실패한 사람처럼 생각하게 된다. 하지만 감정은 단지 순간적으로 떠오른 심리적 반응일 뿐, 그 감정과 동일시 할 필요는 없다. 감정은 마치 구름처럼 스쳐 지나가는 것과 같다.

그럼에도 우리는 슬픔이나 분노 같은 감정이 올라오면 그것이 나의 전부인 것처럼 받아들이고 휩쓸려 행동하거나 판단한다. '나는 슬픈 감정을 느끼고 있다.'라는 식으로 감정과 거리를 두기보다 '나는 슬프다'라고 단정 짓는다.

그렇게 감정에 휘둘리면 감정과 나 사이의 건강한 간격이 사라진다. 그러나 감정을 분리해서 바라보는 순간, 감정에 반응하는 사람이 아니라 감정을 다룰 수 있는 사람이 되는 것이다.

감정은 선택할 수 있다. 이 말이 처음에는 억지처럼 느껴질지도 모른다. 하지만 같은 상황에서도 사람마다 전혀 다른 감정을 느낀다는 사실을 알면, 감정은 곧 현실이 아니라는 것을 알 수 있다.

예를 들어 자녀가 우울증 진단을 받고 약을 먹게 된 상황에서, 어떤 엄마는 "이제 우리 아이는 희망이 없어. 약을 계속 먹다간 아이 인생이 힘들어지고, 나의 삶도 의미가 없게 될 것 같아."라고 느낀다. 또 어떤 엄마는 "내가 그때 아이에게 조금만 더 신경 써줬더라면 이런 일이 없었을 텐데."라고 자신을 탓하며 슬퍼한다.

이런 감정이 드는 것은 오히려 엄마이기 때문에 충분히 이해할 수 있는 일이다. 하지만 더 중요한 건 그 감정에 빠져드는가, 아니면 그것을 한 걸음 떨어져 바라보는가의 차이일 것이다.

감정을 분리할 수 있는 엄마는 같은 상황에서도 다른 해석을 한다. "지금 우리 아이가 우울증 진단을 받았다는 건 고통 속에서 도움을 요청하고 있다는 뜻이구나. 약을 먹는 건 고통을 덜기 위한 하나의 과정일 뿐이야. 내가 해야 할 일은 아이의 마음을 더 잘 이해하고 함께 회복의 길을 찾아가는 것이야."라는 식으로 생각한다.

이렇게 되면 자책하거나 미래를 비관하기보다 현재 아이에게 필요한 것을 더 정확하게 바라볼 수 있다. 감정에 휘둘리지 않기 때문에 상황을 객관적으로 인식하고 정보를 수집하며, 전문가와 상담하고, 아이가 어떤 환경에서 안정감을 느끼는지를 세심하게 관찰하는 것이 가능해진다. 아이의 감정에 공감을 표현하며 보통의 아이들처럼 행동하기를 다그치지 않는다. 이러한 태도는 아이가 엄마에 대한 신뢰를 높이고 안정감을 찾게 한다.

감정은 먼저 느껴지고, 뇌는 그 감정을 설명하기 위해 이유를 찾는 법이다. 특히 좌뇌는 논리와 원인을 좋아하기 때문에, 감정이 올라오면 그에 어울리는 해석을 자동으로 만들어낸다. 예를 들어 아이가 말을 듣지 않는 상황에서 감정이 올라오면 좌뇌는 "아이가 말을 듣지 않아 내가 화가 났어."라고 말한다. 실제로는 엄마가 잠이 부족했거나 피로가 누적되었을 수도 있지만, 좌뇌는 감정에 대한 그럴듯한 이야기를 지어내는 것이다.

신경과학자 마이클 가자니가는 좌뇌의 이러한 특성을 "좌뇌는 이야기꾼이다."라고 표현한다. 감정이나 행동이 먼저 일어난 뒤, 좌뇌는 논리적인 이유를 덧붙이며 '그럴 법한 해석'을 제공한다. 예를 들어 갑자기 심장이 두근거리면 좌뇌는 "불안한 일이 있어서 그래"라고 말하지만, 실제로는 단순히 커피를 많이 마셨기 때문일 수도 있을 것이다.

나 역시 감정이 올라올 때마다 나 자신과 분리하는 일이 어렵고 모호했다. 아무리 연습해도 감정은 늘 나인 것 같았고, 결국 그 감정에 빠져들어 두려움과 불안에 휩쓸리곤 했다. 감정을 아무리 관찰해도, 그 감정이 너무 가까워 쉽게 분리되지 않았다.

나에게 두려운 순간은 대단한 사건이 아니다. 아이가 등교 준비하다가 "학교 가기 싫어"라고 말하는 그 사소한 한마디에 감정이 올라온다. 머릿속에는 내가 바라는 아침 풍경이 늘 있다. 나는 우아하게 출근 준비하고 아이는 스스로 일어나 환한 얼굴로 아침을 먹고, 양치도 하고, 옷도 척척 입는다. "엄마, 오늘 하루도 학교생활이 기대돼요." 하며 웃고, 함께 나가 학교 앞에서 인사하는 그런 모습 말이다.

그런데 현실은 "학교 가기 싫어!"라는 단 한마디로 모든 상상이 무너져버린다. '그냥 좀 가주면 안 되겠니?', '오늘은 질문 없이 넘어가면 안 될까?', '어서 준비 좀 해줘!' 같은 생각들이 분수처럼 솟구치고, 화도 함께 올라온다. 그 순간 나는 좌뇌에 조용히 말한다. "이건 그냥 현재다. 지금은 학교 갈 준비를 하면 되는 시간이다."

그렇게 마음을 다잡고 나니 감정에 휘말리지 않고 조금은 유연하게 반응할 수 있었다. 평소 같았으면 짜증 섞인 말이 나왔겠지만, 이번엔 대수롭지 않게 넘긴 셈이다. 자신의 감정에 더 이상 반응하지 않는 나의 변화를 아이가 느꼈는지 몇 분 뒤 이렇게 말했다. "아까는 학교 가기 싫었는데, 지금은 그냥 보통이야!" 그 말을 듣고 나는 속으로 빙그레 웃었다. 이처럼 감정을 분리하면 생활이 훨씬 유연해진다. 감정을 분리하는 연습은 거창한 사건에서 시작되는 것이 아니라 이렇게 아주 사소한 일상에서부터 가능한 것임을 명심해야 한다.

이 구조를 이해하고 나서, 감정이 올라올 때 나는 이렇게 생각할 수 있게 되었다. "아, 좌뇌가 이유를 찾느라 열심히 일하고 있구나." "넌 좀 쉬어, 우뇌도 일을 해야지." 그러자 감정이 어느 순간 허상처럼 느껴지는 경험을 한다. 그 이후로는 두려움이 올라올 때도 습관적인 불안에 휩쓸리지 않고 지금 이 순간에 집중하려고 노력하게 되었다.

현재에 머무르면 두려움은 더 이상 커지지 않고 자연스럽게 사라진다. 나는 감정 자체가 아니라, 감정이 지나가도록 허락해 주는 사람이라는 걸 깨달았다. 감정은 억누르거나 없애야 할 대상이 아니라 있는 그대로 받아들이되 거리를 두고 바라볼 수 있는 대상이라는 것을 몸으로 알게 된 순간이었다.

감정과 좌뇌의 해석 구조를 이해하면 감정에 휘둘리지 않고 중심을 지킬 수 있게 된다. "지금 내가 할 수 있는 게 뭘까?", "앞으로 어떻게 하면 좋을까?"처럼 생각의 방향도 자연스럽게 해결 중심으로 전환되는 법이다. 반대로 감정과 나를 분리하지 못하면, "내가 잘못했어", "난 부족한 엄마야" 같은 자기 비난이 반복되고, 그럴수록 문제는 마음속에서 더 커지는 결과를 낳는다.

감정에 어떤 해석을 붙이느냐에 따라 삶의 방향이 달라진다. 우리는 감정을 인정하면서도 그것이 진실의 전부는 아니라는 사실을 받아들일 수 있다. "나는 속상하지만, 받아들이고 아이에게 더 좋은 방향을 제시할 수 있어." "지금은 어렵지만, 분명히 나아질 수 있어." 이처럼 감정과 거리를 둘 수 있는 능력은 생각과 행동을 내가 원하는 방향으로 이끄는 단단한 발판이 되어준다.

감정과 나를 분리하는 일은 말처럼 간단하지 않다. 저명한 학자들도 그것을 실천하기는 어렵다고 말한다. 우리가 매 순간 이렇게 감정을 분리하며 살아가는 것은 현실적으로 불가능하다. 그래서 가끔, 할 수 있을 때마다 연습해 보는 것이다. 한두 번 실천한다고 해서 금세 달라지지도 않는다. 아이를 14년, 20년 키워도 매번 예상치 못한 순간이 우리를 흔드는 것처럼 말이다.

그래서 이 연습은 '지금 당장 잘하려는 노력'이 아니라, '자신을 위해 천천히 익혀가는 과정'이 된다. 감정과 나를 분리하는 자신만의 방법을 찾아가다 보면, 어느 순간 마음이 조금 더 편안해졌다는 느낌을 받을 수 있을 것이다. 그 편안함을 한 번 경험하면 그다음 실천은 훨씬 쉬워진다. 당신은 '나는 못할 것 같아'라고 느낄 수도 있다. 하지만 어쩌면 그 생각조차 좌뇌가 열심히 이유를 만들고 있는 중 인지도 모른다.

그러니 당신은 결정만 하면 된다. 끝까지 실천해서 자유를 얻을 것인가, 아니면 두세 번 시도해 보고 '나는 안 되는 사람이야'라고 스스로 단정 지을 것인가, 하지만 나는 안다. 이 책을 읽고 있는 당신이라면, 분명 전자를 선택하리라는 것을, 그리고 내가 이 글로 당신의 그 선택에 조용히 힘이 되어주겠다.

5 좋은 감정, 나쁜 감정 구분 없이 받아들이기

감정에는 선악이 없다. 슬픔, 분노, 질투, 불안, 우울과 같은 감정을 우리는 흔히 부정적이라고 여긴다. 그러나 이러한 감정들은 부정적인 것이 아니라 단지 불쾌감을 동반하는 감정일 뿐이다. 우리는 감정이 유발하는 불편함으로 인해 그것을 나쁜 것으로 판단하는 경향이 있다.

분노는 체온 상승과 언어적 공격성 증가라는 신체 반응을 수반한다. 불안은 흉부 압박감, 사고의 혼란, 근육 긴장 등의 신체 감각을 유발한다. 이처럼 신체적 불편함과 심리적 무거움이 느껴질 때, 우리는 자동으로 해당 감정을 부정적인 것으로 규정하게 된다.

그러나 감정 자체는 도덕적 판단의 대상이 아니라 자연스럽게 발생하는 내적 신호에 해당한다. 감정이 불쾌하다는 이유만으로 그것이 유해하거나 잘못된 것은 아니다. 오히려 그 감정은 현재 자신에게 필요한 무언가를 알려주는 정보일 수 있다. 따라서 감정을 회피하거나 제거하려 하기보다는 그 불편함에 담긴 의미를 탐색하는 태도가 필요하다. 감정은 해석이 더해지기 전까지는 단지 일시적으로 경험되는 신체 감각일 뿐이라는 점을 인식해야 한다.

이처럼 감정은 불쾌할 수 있으나 그것이 반드시 해로운 것을 의미하지는 않는다. 핵심은 이 감정을 어떻게 다루느냐에 있다. 수용전념치료에서는 감정을 억압하거나 제거하려는 시도가 오히려 심리적 고통을 증가시킨다고 설명한다.

예를 들어 '화를 내서는 안 된다', '불안을 없애야 한다'라는 생각은 감정을 거부하면서 동시에 그 감정에 더 많은 주의를 집중시킨다. 화가 올라올 때 '화내면 안 돼, 참아야 해'라고 생각하면, 오히려 화가 났다는 사실에 더 집중하게 되고 그 감정을 억제하기 위해 긴장하게 된다. 불안할 때 '이 불안을 빨리 없애야 해'라고 생각하면, 불안이 사라졌는지 계속 확인하게 되고 불안에 대한 불안이 더해진다. 이처럼 감정을 밀어내려는 노력은 역설적으로 그 감정을 더 크게 만든다.

결과적으로 감정은 소멸하지 않고 내면에서 더욱 증폭되며 이는 행동의 제약과 대인관계의 경직으로 이어진다. 화를 억누르려다 결국 더 큰 폭발로 이어지거나 아예 감정 표현 자체를 회피하게 된다. 불안을 없애려다 불안을 유발하는 상황 자체를 피하게 되어 활동 범위가 좁아진다. 또한 자신의 감정을 억압하는 사람은 타인의 감정에도 경직되게 반응하는 경향이 있어 "왜 그렇게 예민하게 반응해?"라고 말하며 관계에서 거리감을 만들게 된다.

수용전념치료에서는 감정을 피하려 하지 말고 감정이 존재한다는 사실을 있는 그대로 인정하고 받아들이는 것에서 시작할 것을 제안

한다. 여기서 '받아들인다'라는 것은 감정에 지배되거나 감정대로 행동하라는 의미가 아니라, 감정을 있는 그대로 인식하고 거리를 두고 관찰하는 연습을 뜻한다. '지금 이런 감정이 올라왔구나' 생각하며 우리는 감정에 끌려가지 않고 자신의 가치와 방향에 따라 행동하는 힘을 회복하게 된다.

상담 현장에서도 감정을 받아들이는 태도는 회복의 중요한 전환점이 된다. 한 어머니는 아이가 식사를 거부할 때마다 분노를 경험하여 스스로 놀랐다고 보고했다. 그 감정을 억제하려 할수록 감정은 더 커졌고, 결국 아이에게 큰소리를 낸 후 후회와 자책에 빠지곤 했다고 한다. 그러나 상담 과정에서 그녀는 그 분노가 단순히 식사 거부 상황에서 비롯된 것이 아니라, '내가 이렇게 노력하는데도 아이가 무시하는 것 같다'라는 생각에서 발생한 것임을 깨닫게 되었다.

생각의 근원을 따라가 보니 어린 시절 부모에게 인정받지 못했던 경험과 연결되어 있었다. 초등학교 때 발표를 잘했다고 생각했는데, 어머니는 늘 '다음에는 더 잘해보자'라고 말씀하셨습니다. '한 번도 "잘했다"라고 해주신 적이 없었어요. 그래서인지 지금도 누군가 내 노력을 알아주지 않으면 화가 납니다. 억울하고 서운하고, 마치 아이처럼 반응하게 됩니다.'

이처럼 감정은 현재의 사건에서 시작된 것처럼 보이지만, 실제로는 과거에 충족되지 못한 욕구나 해결되지 않은 상처와 연결되어 있을 때도 있다. 현재의 감정이 지금보다 그때에서 비롯된 것일 수 있다는 점을 이해하면 감정을 억압하기보다 주의 깊게 살펴볼 수 있는 여유가 생긴다.

　이런 감정을 마주했을 때, 가장 먼저 해야 할 일은 억압하거나 부정하는 것이 아니라 '있는 그대로 관찰하는 연습'이다. '또 내가 예민하게 반응했어'라고 판단하기보다, '지금 화가 올라왔구나', '서운하다는 감정이 느껴지는구나'라고 말해보는 것이다.

　감정을 관찰할 수 있다는 것은, 이미 감정에 끌려가지 않고 '거리두기'가 시작되었다는 의미이다. 감정과 자신이 하나가 아니라 감정은 내면에서 일어나는 현상일 뿐이라고 인식하는 태도가 필요하다. 그런 감정을 느끼는 자신을 있는 그대로 바라보면서 인정하는 그 순간, 감정은 통제해야 할 대상이 아니라 자연스럽게 흐르는 '현상'이 된다.

　감정에 특별한 의미를 부여하거나 해석하려 애쓸 필요는 없다. 감정은 원래 흐르는 것이기 때문이다. 그저 지금, 이 감정이 있다는 사실을 인정하고 받아들이는 것만으로도 충분하다. 이러한 감정 인식 연습이 아이를 대할 때도 '왜 또 이러는가?'가 아니라 '지금 아이는 어떤 마음일까?'를 생각하게 만든다. 결국 감정을 수용하는 태도는 자신에게도, 아이에게도 안전한 공간을 만들어주는 시작이 된다.

　감정을 수용하는 것은 복잡한 훈련이 아니다. 그저 '지금 이 기분은 왜 생겼을까?' 하고 자신에게 묻는 것부터 시작된다. 아래 다섯 가지 단계를 천천히 따라가 보면, 감정은 자신을 괴롭히는 것이 아니라 도와주는 신호였다는 것을 알 수 있다.

　첫째, 감정에 이름을 붙인다. 그냥 '기분이 나쁘다.' 하지 말고, '나는 지금 서운하다.', '짜증이 난다.', '무시당한 기분이다.'처럼 구체적으로 말해본다. 감정에 이름을 붙이는 순간 마음은 조금 가라앉고, 감정과 자신 사이에 거리가 생긴다.

둘째, 감정을 느꼈던 상황을 떠올려 본다. 아이가 간식을 받고도 불평했을 때, 배우자가 휴대전화만 보며 반응하지 않았을 때처럼 구체적인 장면이 좋다.

셋째, 그 상황에서 떠올린 생각을 기록해본다. '내가 이렇게까지 했는데', '역시 나는 안 되는구나' 같은 자동적 해석이 감정을 불러일으킨 건 아닌지 살펴본다.

넷째, 그 생각이 과거의 경험과 연결되어 있는지 되짚어본다. 어린 시절 칭찬받은 기억이 거의 없었던 일, 늘 더 잘해야만 인정받았던 경험이 현재의 감정과 연결되어 있을 수 있다.

다섯째, 현재의 자신에게 다정하게 묻는다. '나는 그 순간, 무엇을 바랐을까?' 아마도 감사의 말 한마디, 자신을 알아주는 말, 함께 공감해 주는 따뜻한 반응이었을 것이다.

감정은 겉으로는 화처럼 보이지만, 그 안에는 '나를 이해해 달라'는 마음이 담겨 있다. 그 마음을 인식하고 반복해서 살펴보면, 감정은 점차 덜 두렵고 덜 복잡해진다. 감정은 자신을 돌보는 가장 좋은 통로라는 것을 자연스럽게 깨닫게 된다. 처음에는 낯설지만, 감정 탐색은 할수록 익숙해지고, 무엇보다 자신의 감정에 귀 기울이고 있다는 사실이 가장 큰 위로가 되어준다.

엄마가 자신의 감정을 있는 그대로 받아들이기 시작하면, 아이를 바라보는 시선도 달라진다. 아이의 짜증은 문제의 행동이 아니라, 그 아이의 감정이 표현된 방식일 수 있다. "엄마가 나를 봐주지 않아서 서운했어.", "지금 너무 피곤해" 같은 말을 할 수 없어서 울거나 화를 내는 것뿐이다. 엄마가 자신의 감정을 억압하지 않고 받아들인 만큼, 아이의 감정도 억압하지 않고 수용할 수 있게 된다. "왜 울어?"가 아니라 "속상했구나, 말해줘서 고맙다"라고 반응하는 순간, 아이는 감정이 부끄러운 것이 아니라 표현해도 괜찮은 것이라는 안전감을 느낀다. 감정을 수용하는 엄마 곁에서 자란 아이는 감정을 숨기거나 감추지 않고 표현할 수 있는 능력을 기르게 된다.

감정을 있는 그대로 느끼고 흘러가도록 두는 것이 진정한 감정 조절이다. 오늘은 분노가 올라오고, 내일은 슬픔이 찾아올 수 있다. 그 감정이 그 순간 자신을 덮쳐도 괜찮다. 감정은 왔다가 가는 손님일 뿐이고, 우리는 감정의 주인이기 때문이다. 감정을 받아들이는 연습은 결국 자신을 더 이해하는 연습이고, 자신을 이해한 만큼 자녀를 품을 수 있는 여유를 키워준다. 그러니 오늘 느낀 감정에 잠시 귀 기울여 보자. 그 감정을 수용한 당신은, 이미 아이에게 가장 큰 선물을 주고 있다.

6 다루기 어려운 감정에 숨겨진 진짜 욕구 찾기

우리는 보통 행복과 같은 긍정적인 감정만을 쫓는다. 불안, 분노, 슬픔처럼 다루기 어려운 감정들은 피하거나 불필요하다고 여기는 것이다. 하지만 이런 감정들은 단순히 불편한 것이 아니다. 때에 따라 다루기 어려운 감정들은 우리 내면의 방향표 역할을 한다.

감정은 문제가 아니라, 우리가 무엇을 중요하게 생각하는지, 어떤 욕구가 충족되지 않았는지를 알려주는 중요한 단서이다. 특히 부모·자녀 관계에서 반복되는 힘든 감정 뒤에는 아이에 대한 깊은 사랑과 부모로서의 성장 욕구가 숨어 있다. 이제 감정 속에 감춰진 진짜 욕구를 찾아내어 더 깊은 자기 이해와 성장으로 나아가는 방법을 알아보자.

다루기 어려운 감정들은 우연히 생겨나지 않는다. 이러한 감정은 우리가 중요하게 여기는 가치나 바람이 좌절될 때 나타난다. 아이가 밥을 잘 먹지 않을 때, 엄마는 순간적으로 불편함과 안타까움을 경험한다. 이 감정은 단순히 상황의 문제 때문이 아니다. 그 속에는 '아이가 건강하게 자라기를 바라는 진심'과 '부드럽고 현명한 엄마가 되고 싶다'라는 바람이 담겨 있다.

겉으로는 불편함이 드러나지만, 이면에는 아이를 향한 사랑과 자신에 대한 성장 욕구가 동시에 숨어 있다. 마찬가지로 아이가 숙제하지 않아 어려움을 느낄 때도 본질은 같다. 이 감정은 단순히 아이의 행동 때문에 생기는 불편함이 아니라, '아이가 책임감 있게 스스로 할 일을 챙기기를 바라는 진심'과 같은 깊은 내적 욕구가 있을 때 나타난다.

감당하기 힘든 감정들은 불편하고 힘들 수 있지만 자신을 깊이 이해하고 성찰하는 결정적인 기회를 제공한다. 타인에게 존중받지 못한다고 느꼈을 때 나타나는 감정은 '존중받고 싶다'라는 욕구가 침해되었음을 알려주는 신호다. 감정을 억누르거나 회피하지 않고 감정이 들려주는 이야기에 귀 기울일 때 우리는 내면의 지혜를 발견하고 더 성숙한 모습으로 나아갈 수 있다.

자신의 감정을 진정으로 이해하려면 의도적인 성찰이 필요하다. 감정이 올라올 때 즉각적으로 반응하기보다는 한발 물러나 관찰자의 관점에서 자신을 바라보는 훈련이 중요하다. 먼저 어떤 상황에서 감정이 촉발되었는지 주의 깊게 살펴보고 그 상황 속에서 나는 무엇을 기대했는가? 내가 원했던 것이 실현되지 않았을 때 어떤 감정이 올라오는가? 이러한 질문들을 통해 감정과 우리의 기대, 가치관 사이의 깊은 연결 고리를 발견할 수 있다.

같은 상황이 반복될 때마다 일관되게 같은 감정이 나타난다면, 그

것은 그 상황이 우리에게 매우 중요한 무언가를 건드리고 있다는 뜻이다. 감정 아래에는 여러 층의 욕구가 존재한다. 표면적으로는 "아이가 말을 안 들어서 힘들다"라고 느낄 수 있지만, 조금 더 깊이 들어가 보면 "내 말이 존중받고 싶다.", "효율적으로 상황을 통제하고 싶다.", "좋은 부모가 되고 싶다." 같은 다층적인 욕구들이 얽혀 있을 수 있다. 이 층위들을 하나씩 벗겨내는 과정에서 우리는 자신이 정말로 무엇을 원하는지를 점점 명확히 알 수 있다.

특정 상황에서 반복적으로 같은 감정이 올라온다면, 그것은 우연이 아니다. 왜 부모님과의 대화에서만 감정이 격해지는 걸까? 왜 배우자의 특정한 말투에 유독 상처받는 걸까? 왜 아이의 어떤 행동만 보면 불안해지는 걸까? 이런 패턴들은 과거의 상처, 충족되지 못한 욕구, 깊이 자리한 두려움과 연결되어 있다.

반복되는 감정의 패턴을 인식하는 것 자체가 변화의 첫 단계가 된다. 감정 패턴이 있다는 것은 신경계가 여전히 불안 상태에 있다는 뜻이다. 우리 뇌의 편도체라는 부위에 과거 상처의 감정이 기록되어 있고, 이와 유사한 자극이 오면 뇌는 과거의 상황을 현재에 되살린다.

이것은 우리의 뇌가 자신을 보호하려는 필사적인 노력이다. 마치 화상을 입은 사람이 따뜻한 것을 무서워하듯이, 우리의 신경계는 과거의 상처가 반복될까 항상 경계 상태를 유지한다. 이는 약함이 아니라, 어려운 환경에서 살아남기 위해 우리의 신경계가 만들어낸 지혜로운 생존 체계인 것이다.

그렇다면 이 패턴을 어떻게 변화시킬 수 있을까? 상처에서 회복되기 위해서는 무엇보다 심리적 안정감이 가장 먼저 필요하다. 더 이상 위협받지 않고 안전하다는 확신이 생길 때, 신경계가 진정되고 뇌가 새로운 정보를 처리할 수 있게 되는 것이다. 또한 옆에서 친밀하게 감정적인 해소를 도와주는 관계의 경험이 치유의 핵심이 된다.

진정한 안전감이란 외부의 모든 위협이 사라지는 것이 아니다. 오히려 당신 내부에 "나는 안전하다.", "나는 도움을 청할 수 있다.", "나는 혼자가 아니다."라는 확신이 생기는 것이다. 이것이 가능해질 때, 우리의 일상 관계들에서 구체적인 변화가 일어난다.

배우자와의 관계에서도 변화가 시작된다. 배우자가 무심하게 하는 말이 과거 부모님의 무관심과 겹쳐 보일 때, 당신은 즉각적으로 반응하기보다 "이 순간 내가 느끼는 불안은 과거의 상처에서 나온 신호다. 지금 상황은 과거와 다를 수 있다."라는 인식이 생긴다. 이 인식 하나만으로도 당신은 더 현명하게 상황을 판단하고 반응할 수 있는 선택의 폭을 갖게 된다.

아이와의 관계에서도 마찬가지다. 아이의 투정이나 말 안 듣는 행동에 올라오는 불안과 분노를 단순히 상황 탓으로 생각하기보다, 당신은 아이의 행동을 아이의 발달 단계로 이해할 수 있다. 당신의 과거 상처와 아이의 행동을 분리해서 볼 수 있는 것이다. 더 이상 아이가 당신의 불안감을 상징하는 대상이 아니라 보호하고 양육해야 할 독립적인 존재로 보일 수 있게 된다.

반복되는 감정은 당신의 약점이 아니라는 것을 알아주길 바란다. 그것은 정상적이고 자연스러운 현상이다. 당신의 뇌가 자신을 보호하려던 적응 기제일 뿐이다. 어려운 환경에서 살아남기 위해 당신의 신경계가 만들어낸 생존 체계인 것이다. 그것을 자책할 이유가 없다.

더 중요한 것은, 이 감정 패턴이 우리가 안전하지 않다고 느껴 왔던 것을 알려주는 신호라는 점이다. 반복되는 불안은 메시지다. '나는 여전히 불안을 느끼고 있다.' 반복되는 분노는 신호다. '나의 필요가 무시당했다.' 반복되는 슬픔은 외침이다. '나는 여전히 그것을 애도하고 있다.'라는 외침이다.

하지만 습관이 된 감정도 변화는 가능하다. 심리학에서 말하는 '내적 작동 모델'은 유년기에 형성되지만, 평생 수정이 가능하다. 새로운 관계 경험이 누적될 때, 더 많은 안전감을 경험할 때, 과거의 상처가 이해되고 수용될 때 마음의 틀은 서서히 변해간다. 당신이 아이와 맺는 새로운 관계, 배우자와 쌓는 신뢰, 그리고 자신에 대한 깊은 이해가 그 변화를 만드는 것이다.

결국, 감정이 우리에게 말하는 것은 매우 간단하지만 명확하다. "여기에 당신이 소중히 여기는 것이 있습니다. 그것이 무시당하거나 침해당했습니다. 이제 주목하세요." 아이가 밥을 안 먹을 때의 불편함은 '건강한 아이'에 대한 당신의 가치관이다. 배우자의 무심한 말에서 느껴지는 상처는 '존중받는 관계'를 원하는 당신의 열망이다. 아이의 투정에 올라오는 불안은 '좋은 부모가 되고 싶다'라는 당신의 책임감이다. 부모님과의 대화 후 남는 서러움은 '있는 그대로 받아들여지고 싶다.'라는 당신의 오랜 소망이다.

모든 감정은 당신이 무엇을 소중히 여기는지를 보여주고 있다. 따라서 당신이 느끼는 불편함, 답답함, 불안감은 당신의 약함이 아니다. 오히려 당신이 누군가를 사랑하고, 관계를 중요하게 여기고, 삶에서 의미를 추구하고 있다는 강력한 증거인 것이다. 감정이 알려주려는 당신의 진정한 욕구를 들어보자. 그 과정에서 당신은 자신을 더 깊이 이해하게 될 것이고, 그 이해 속에서 당신은 자연스럽게 더 편안한 사람으로, 더 진실한 사람으로 변해갈 것이다.

7 나쁜 감정 즉시 해결법

우리는 나쁜 감정이 올라오면, 그것을 빨리 없애야 한다고 생각한다. 마치 불편함을 제거해야 하는 것처럼, 분노와 불안을 빨리 해소하거나 다른 감정으로 대체하려고 한다. 하지만 나쁜 감정을 억지로 긍정적으로 변화하려는 시도로는 근본적인 문제 해결이 어렵다. '화내지 말고 좋은 생각을 해보자'라는 생각은 오히려 감정을 억압하게 만든다. 그 억압된 감정은 우리의 몸과 마음 어딘가에 쌓여간다. 감정의 파도가 밀려올 때, 파도를 없애려 하는 것이 아니라 파도 위에서 균형을 잡는 법을 배우는 것이다.

변증법적 행동치료의 창시자 마샤 리넨한이 개발한 STOP 기법은 감정이 올라오는 순간 가장 먼저 해야 할 것들을 알려준다. S-Stop(멈추기), T-Take a step back(한발 물러나기), O-Observe(관찰하기), P-Proceed mindfully(마음 챙김으로 진행하기)의 약자다.

감정이 올라오는 순간, 즉시 그 감정을 자각하는 것이 첫 단계다. 감정을 자각하는 순간 우리는 멈춰서 객관적으로 생각하게 된다. 화가 나려는 순간을 인식하는 것이다. 이 짧은 찰나가 후회하는 시간과 성장하는 시간의 차이를 만든다.

감정 폭풍 속에 있을 때 우리를 현재로 돌아오게 하는 가장 빠른 수단이 호흡이다. 화가 나거나 불안할 때 우리 몸에서는 교감신경계가 활성화된다. 심장 박동이 빨라지고, 호흡이 얕아지며 근육이 긴장한다. 이것은 우리 몸이 위험 상황'이라고 판단했을 때 나타나는 자연스러운 반응이다. 문제는 실제로 위험하지 않은 상황에서도 이런 반응이 일어난다는 것이다.

천천히 깊게 호흡하면 심박수가 느려진다. 심박수가 느려지면 우리 몸은 부교감신경계를 활성화한다. 부교감신경계가 작동하면 심장 박동이 안정되고, 혈압이 낮아지며, 근육이 이완된다. 이런 변화는 뇌로 전달되고, 뇌는 "지금 안전하다."라고 해석한다. 그러면 편도체의 활동이 줄어들고, 감정이 진정되기 시작한다. 즉, 호흡을 통해 몸을 진정시키면, 뇌는 '이제는 안전해'라고 인지하게 된다.

5초에 걸쳐 코로 들이마시고, 4초를 참은 후, 3초에 걸쳐 입으로 내쉰다. 이를 2-3분 반복하면 고조된 신경계는 진정되기 시작한다. 호흡은 우리가 할 수 있는 가장 과학적이고 즉각적인 신경진정제이다. 우리가 직접 통제할 수 없는 심장 박동이나 혈압과 달리, 호흡은 우리가 의식적으로 조절할 수 있는 유일한 자율신경계 활동이다. 그래서 호흡은 신경계 전체에 영향을 미칠 수 있는 것이다.

호흡으로 진정되지 않는 감정들도 있다. 가까운 사람들과 견해차가 있을 때이다. 공식적인 자리나 사회적인 자리에서는 호흡할 여력이 생기지만, 남편, 자녀, 친정엄마와의 관계에서는 예외일 수 있다. 감정을 알아차리기도 전에 몸이 반응하며 부정적인 감정의 진도가 빠르게 나간다. 부정적 감정을 오는 대로 발산하면 남는 것은 후회뿐이다.

그럴 때는 그라운딩 기법이 효과적일 수 있다. 그라운딩 기법은 우리의 오감을 활용하여 현재 순간에 집중하도록 돕는다. 현재 있는 공간을 둘러보며 눈에 보이는 물건 5개를 찾아 천천히 이름을 말하고, 촉각으로 느낄 수 있는 것 4가지를 찾으며, 귀로 들리는 소리 3가지를 인식하고, 냄새를 맡을 수 있는 것 2가지를 찾은 후, 마지막으로 입안에서 느껴지는 맛 1가지를 천천히 음미한다.

나는 남편과 갈등이 생길 경우, 감정이 로켓처럼 치솟기 전에 그라운딩 기법을 사용해 보기로 했다. 남편과 대화 중 심장이 뛰기 시작하면, 바로 시계를 보았다. 시간을 확인하고, 창문을 보고, 소파를 보았다. 그러면서 솔직히 이런 생각이 들었다. '내가 지금 뭐 하는 거지? 이런 행동으로 뭐가 달라질까?' 의심이 들었다. 하지만 달리 특별한 방법이 있는 것도 아니었기에, 나는 그 방법을 계속 시도했다. '이게 과연 될까?' 하는 의심을 여전히 품은 채로 말이다.

몇 번 시도해도 눈에 띄는 변화는 없었다. 하지만 꾸준히 실천하자 내 몸이 먼저 반응하기 시작했다. 같은 갈등 상황이 와도 감정이 예전처럼 올라가지 않았고, 평정심을 유지할 수 있었다. 그라운딩 기법을 반복하면서 같은 상황에서 같은 감정이 자동으로 올라오던 습관이 바뀐 것이다. 호흡이 빨라지고 심장이 뛰는 신체 반응이 줄어들면서 감정도 평온해졌다. 그라운딩 기법으로 그 순간 일어나는 감정의 습관을 바꿀 수 있었다.

모든 실천이 그러하듯, 그라운딩 기법의 효과도 즉각적이지 않다. 처음에는 두드러진 효과를 보지 못할 수도 있다. 하지만 2개월 이상 꾸준하게 지속하면 감정에 변화가 일어나기 시작한다. 같은 상황에서 예전처럼 같은 감정이 올라오지 않는 자신을 발견하게 된다. 반복된 연습을 통해 습관적인 감정회로 자체가 약해지는 신경 가소성이 작동하게 된다.

감정의 강도를 낮춘 후에 감정을 어떻게 다룰 것인지 선택할 수 있다. 심리치료에서는 이 선택을 돕기 위해 합리적 마음, 감정적 마음, 지혜로운 마음이라는 세 가지 마음 상태를 제시한다.

감정이 올라오면 우리는 감정적 마음 상태에 있다. 모든 것이 부정적으로 느껴지고 감정이 사실이라고 판단한다. 반대로 합리적 마음은 모든 것을 논리적으로 분석하지만 차갑고 비정하다. 두 마음의 교집합에 있는 지혜로운 마음을 찾으면 우리는 상황을 고르게 볼 수 있다. '화나지만, 이것이 일시적인 감정이고, 나는 선택할 수 있다.'라는 인식이 바로 그것이다.

지금 순간을 충분히 경험하는 모든 행위가 감정을 다루는 방법이 될 수 있다. 식사할 때 그 음식의 맛에만 집중하기, 씻을 때 피부에 닿는 물의 느낌을 느끼기, 차 한 잔을 천천히 마시며 온기를 느끼기. 감정이 올라올 때 가장 가까이 있는 일상 활동에 온전히 집중하면 된다. 손을 차가운 물에 담그고 온도를 느끼기, 현재 있는 공간의 색깔과 모양을 천천히 관찰하기 같은 것들도 효과적이다. 처음에는 3-5분 정도 짧은 시간부터 시작해서 점차 시간을 늘려 가면 좋다.

감정이 올라올 때, 우리는 선택할 수 있다. 억누를 것인가, 피할 것인가, 아니면 그것과 함께 춤출 것인가.

중요한 것은 완벽함이 아니다. 처음에는 화가 난 후 10분이 지나서야 STOP을 기억할 수도 있고, 호흡을 해보려다 실패할 수도 있다. 그래도 괜찮다. 감정에 주의를 기울이고 이해하려 노력하는 그 순간, 이미 변화는 시작되었기 때문이다.

시간이 지나면서 감정이 올라오는 빈도는 줄어들고, 그것을 다루는 능력은 강해진다. 당신이 실천할 때마다, 당신의 뇌는 변하고 있다. 신경계는 새로운 경로를 만들고 있다. 이것이 바로 치유이고, 성장이다.

자녀나 남편의 행동 때문에 감정이 올라올 때도 주의가 필요하다. 당신이 얼마나 화가 나는지 나는 안다. 남편이 약속된 집안일을 하지 않고, 아이가 고집을 부릴 때. 얼마나 화가 솟구치는지 나는 안다.

하지만 엄마들이 알아야 할 것은 항상 나쁘기만 한 상황은 없듯이, 항상 나쁘기만 한 사람도 없다는 것이다. 남편과 자녀 모두 성장하고 있고, 시간이 지나면서 좋게 변화한 것들도 많이 있었을 것이다. 지금, 남편이 설거지를 안 했지만, 지난주 아이 학교 준비물을 함께 밤늦게까지 챙겨줬던 때가 있지 않았나. 아이와 함께 웃으며 이야기 나눴던 순간이 있지 않았나. 순간의 감정에만 휩싸이지 말고, 자녀와 남편의 좋은 모습을 떠올려 보자. 그들은 지금 당신을 화나게 하지만,

여전히 변화하고 성장할 수 있는 가족들이다.

좋은 기억을 떠올리는 건 잘못을 덮으려는 게 아니다. 지금 이 감정만으로 관계를 단정 짓지 않기 위한, 균형을 회복하는 과정이다.

긍정적인 감정으로 관리하는 법

감정관리

1

피해자의 자리에서 벗어나기

고등학교 때부터 절친했던 친구가 있었다. 그 친구는 남자 친구와의 관계로 늘 힘들어했다. 처음 몇 년은 진심으로 위로하고 조언도 했다. "그 사람 너한테 안 맞는 것 같아"라고 여러 번 말도 했지만 10년 동안 같은 이야기가 계속되면서 점점 위로할 말을 찾기 어려워졌다. 결혼 후 육아로 바쁘다 보니 그 친구와 만나는 횟수가 줄어들었다. 그러자 친구는 서운함을 표현하며 또다시 남자 친구 이야기를 30분간 쏟아냈다. 똑같은 상황, 똑같은 고통, 똑같은 선택으로 친구는 여전히 힘들어하고 있었다.

그날 이후 자연스럽게 연락이 뜸해졌다. 감정적 피로가 한계에 다다랐기 때문이었다. 이 이야기를 꺼낸 이유는 나 자신을 돌아보기 위해서다. 혹시 나도 누군가에게 그런 사람은 아닐까? 같은 어려움을 반복적으로 이야기하며, 상황은 변하지 않는데 위로만 구하고 있는 건 아닐까?

왜 우리는 같은 자리에 머물게 되는 걸까? 심리학의 귀인이론에서 그 답을 찾을 수 있다. 이 이론은 사람들이 사건의 원인을 어디에서 찾느냐에 따라 정서와 행동이 크게 달라진다고 설명한다. 같은 어려움을 겪어도 어떤 사람은 빠르게 회복하고 앞으로 나아가지만, 어떤 사람은 오랫동안 그 상황에 갇혀 무기력함을 느낀다. 이 차이를 만드는 핵심은 바로 원인을 어디에 두느냐이다.

사람들은 사건의 원인을 크게 두 가지 방향으로 설명한다. 하나는 내부 귀인으로, 사건의 원인을 자신의 능력이나 노력에서 찾는 것이다. 다른 하나는 외부 귀인으로 원인을 환경이나 타인, 운과 같은 외부 요인에서 찾는 것이다.

외부 귀인에 익숙한 사람들은 사건이 일어났을 때 자신의 책임을 회피하려는 경향이 있다. 시험에 실패했을 때 자신의 노력 부족을 인정하기보다 '교수님이 시험을 너무 어렵게 냈기 때문'이라거나 '운이 없었기 때문'이라고 생각한다. 자녀와 갈등이 생겼을 때는 '요즘 아이들이 다 그렇지', '스마트폰 때문이야.', '남편이 교육에 관심이 없어서 그래'라고 외부에서 원인을 찾는다.

이런 태도가 장기화하면 학습된 무기력으로 이어질 수 있다. 학습된 무기력은 통제할 수 없는 상황에 반복적으로 노출되면서, 노력해도 상황을 바꿀 수 없다는 믿음을 형성하고 결국 아무런 시도도 하지 않게 되는 심리적 상태를 의미한다.

자기 삶이 외부의 힘으로 좌우된다고 믿는 사람은 점차 현실에 대한 통제력을 상실하고 문제 해결을 위해 적극적으로 노력하는 일이 힘들어진다. 사실 피해자의 자리에 머무는 데에는 주변 사람들의 반응도 큰 영향을 미친다. 우리는 타인의 안타까운 사연에 쉽게 공감하고 그들의 고통에 연민을 느낀다. 고통을 호소하는 이들에게 "얼마나 힘들었을까?", "네 잘못이 아니야"와 같은 위로를 건넨다. 그들이 지목하는 가해자를 함께 비난하는 것은 사회적 유대감을 형성하고 약자를 보호하려는 본능에서 비롯되기도 한다.

이러한 공감과 위로는 고통을 호소하는 사람에게 일시적인 정서적 보상을 제공한다. 하지만 이는 진정한 문제 해결이 아닌 감정적 위안만을 추구하는 태도를 강화할 뿐이다. 자신의 힘든 상황을 계속 이야기하며 주변 사람의 공감을 구하는 행동은 결국 관계에 거리를 만든다. 앞서 이야기한 나의 친구처럼, 같은 어려움을 반복해서 호소하는 사람은 처음엔 위로받지만, 시간이 지나면서 주변 사람들을 지치게 만든다. 듣는 사람도 점점 더 감정적으로 소진된다. 결국 관계에도 영향을 미치게 된다.

사실 이런 패턴은 누구에게나 일어날 수 있다. 특히 엄마로 살면서 우리도 모르게 이런 자리에 머물 때가 있다. 힘든 상황이 반복되면 자연스럽게 그 원인을 밖에서 찾게 된다. 다만 생각해 봐야 할 건, 이런 생각이 습관이 되는 순간이다. 가족 관계에서 일어나는 문제들을 계속 타인 탓으로만 돌리다 보면, 나도 모르게 자신을 약자의 위치에 놓을 수 있다. 환경 탓 속에는 '나는 이 상황을 바꿀 힘이 없다'라는 무기력이 숨어 있다. 물론 상황이 힘들 수도 있지만 그 속에서도 자신을 위해 할 수 있는 일은 얼마든지 있다.

나도 한때 남편 탓을 하기 일쑤였다. '남편과 마찰만 없어도 편하게 살 수 있을 텐데'라는 생각을 자주 했다. 하지만 나에 대해서 꾸준히 공부하고 배운 내용을 실천하면서 어느 날 문득 깨달았다. 그런 생각은 내 인생의 주도권을 남편에게 주는 것과 같다는 것을 말이다.

남편의 행동과 말에 관계없이 내 인생을 주도적으로 살아가기로 결심했다. 그러자 한 번에 수월해지는 기분이 들었다. 남편의 행동들이 더 이상 나에게 큰 영향을 미치지 않았다. 동시에 많은 일들을 적극적으로 결정하게 됐다. 그러자 신기하게도 남편도 자연스럽게 나의 의견을 더 물어보고, 존중해주었다.

피해자를 자처하는 건 순간적으로 편해 보이지만, 실은 자신의 삶을 짓누른다. 무기력과 억울함은 결국 나를 더 힘들게 할 뿐이다.

그래서 무엇이 나를 짓누르고 있는지 정확히 들여다봐야 한다. 외부 상황인가, 습관적 사고방식인가, 타인에 대한 기대인가. 이걸 명확히 인식하는 순간, 변화가 시작된다.

마음을 무겁게 누르는 것을 찾고 나면, 자연스럽게 다음 단계로 넘어간다. 내가 선택할 수 있는 것들이 보이고, 문제를 다르게 해석하게 된다. 작은 결정부터 큰 인생의 방향까지, 내가 할 수 있는 것에 집중하게 된다.

심리학에는 내적 통제 위치와 외적 통제 위치라는 개념이 있다. 내적 통제 위치의 사람들은 자신의 삶에서 일어나는 일들이 대부분 자신의 노력과 결정에 따라 좌우된다고 믿는 경향이 있다. 반대로 외적 통제 위치에 있는 사람들은 운이나 타인의 영향 등 외부 요인에 의해 자기 삶이 결정된다고 믿는다. 내적 통제 위치를 강화함으로써 삶의 주도권을 되찾고, 문제에 대한 책임감을 수용하며 더 나은 미래를 향한 변화를 만들어낼 수 있다.

실제로 한 종단 연구에서 같은 암 진단을 받은 환자들을 추적 관찰한 결과, 생존율과 삶의 질에서 유의미한 차이가 발견됐다. '내가 할 수 있는 것이 무엇인가'에 초점을 맞춘 환자들은 적극적으로 치료 계획에 참여하고, 생활 습관을 개선하며, 사회적 지지 체계를 구축했다. 반면 '왜 하필 내게 이런 일이'라는 질문에 머물렀던 환자들은 수동적으로 치료를 받으며, 우울감이 증가하고, 회복 의지가 약해졌다.

이처럼 생사가 걸린 중대한 질병 상황에서도 개인의 태도가 예후에 영향을 미쳤다는 것은, 우리가 일상에서 겪는 육아 스트레스, 부부 갈등, 경제적 어려움 같은 문제들에서도 우리의 태도가 얼마나 중요한지를 보여준다. 문제의 크기와 상관없이, "나는 이 상황에서 무엇을 할 수 있는가?"라는 질문이 변화의 시작점이 된다. 그러면서 자신을 위한 좋은 선택과 주도적인 노력을 할 수 있게 된다.

신경 가소성 연구에 따르면 뇌는 평생에 걸쳐 새로운 신경 경로를 형성할 수 있으며, 반복적인 생각과 행동 패턴은 뇌 구조 자체를 변화시킨다고 했다. 따라서 일상에서의 지속적인 실천이 근본적인 변화의 열쇠다.

먼저 아침에 기상하면서 1분간 다음과 같이 자문해 보자. "오늘 내가 선택하고 통제할 수 있는 것은 무엇인가?" 날씨, 교통 상황, 타인의 기분은 통제할 수 없다. 그러나 나의 복장, 아침 식사 메뉴, 자녀에게 말하는 톤과 단어, 출근길에 듣는 음악, 하루를 시작하는 마음가짐은 선택할 수 있다. 이러한 작은 선택을 의식적으로 인식하는 것만으로도 '능동적으로 하루를 만들어가는 사람'이라는 정체성이 형성된다.

불만이나 불평이 입 밖으로 나오려는 순간 멈춰 서서 질문해 보자. "이 상황에서 내가 나를 위해 할 수 있는 것은 무엇인가?"처럼 자신이 취할 수 있는 행동에 초점을 맞추자. 그리고 매일 저녁 잠들기 전 '오늘 나의 선택으로 만들어진 일 세 가지'를 떠올려 본다. 아무리 사소한 것이라도 좋다. '저녁 메뉴를 건강하게 선택했다', '잠깐이라도 나를 위한 시간을 가졌다.' 이 연습은 자신이 삶의 주체라는 감각을 강화한다.

이런 변화는 처음에는 작고 소소해 보여도 시간이 지날수록 힘을 발휘한다. 점차 같은 상황에서 다르게 반응하는 자신을 만나게 될 것이다. 당신이 힘든 하루를 겪고 있을지도 모른다. 하지만 당신은 당신을 위해 원하는 것을 선택하고 노력할 수 있다. 그 간단한 선택이 삶의 무게를 가볍게 바꿔준다.

사랑스러운 당신 자신을 위해, 작은 생각의 변화를 시도해 보라.

2

남보다 '나'를
0순위로 사랑하자

20대 후반, 상담 공부에 매진하던 때였다. '가정폭력상담원' 자격을 취득하기 위해 100시간 교육을 듣던 중, 첫 수업 날 강사님께서 질문을 하나 던지셨다. "여러분이 생각하는 가장 소중한 사람을 적어 보세요." 나는 망설임 없이 가족의 이름을 썼다. 주변 사람들도 대부분 가족이나 친구를 적고 있었다.

강사님은 몇몇 교육생에게 누굴 적었는지 물어보시고는 이렇게 말씀하셨다. "세상에서 가장 소중한 사람은 바로 자기 자신이에요." 그 말을 듣고 나는 속으로 '뻔한 이야기네' 하며 대수롭지 않게 흘려들었다. 하지만 그 말이 왜 중요한지는 마흔을 넘긴 지금, 감정공부를 하고 자신을 알아가면서 다시금 떠오른다. 진부하다고 여겼던 그 말이 왜 그렇게 중요한지, 비로소 깨닫는다.

자기 자신을 진심으로 사랑하게 되면, 더는 무언가를 끊임없이 채우려 애쓰지 않게 된다. 자기 사랑은 그 모든 마음공부의 완성점이기 때문이다. 진심으로 나를 아끼고 존중하는 순간, 이미 그 사람이 찾고

자 했던 평화와 성장의 자리에 도달해 있는 것이다. 그래도 '자기 자신을 사랑하라'라는 말은 여전히 막연하다.

지금도 내가 나를 사랑하고 있는 건지 헷갈릴 때도 있다. 그렇다면 자신을 사랑한다는 건 구체적으로 어떤 상태일까? 심리학자 크리스틴 네프는 '자기 연민' 개념을 통해 이를 설명한다. 그녀에 따르면 자기 사랑은 단순히 자신을 예뻐하고 칭찬하는 것이 아니라, 실수했을 때 자신을 비난하지 않고 다정하게 대하는 태도, 고통스러운 순간에 자신에게 따뜻한 말을 건네는 능력, 그리고 인간은 누구나 불완전하다는 사실을 받아들이는 자세를 말한다.

즉, 자기 사랑이란 나의 감정과 욕구를 존중하고, 나에게 상처 주는 말이나 행동을 줄여나가는 태도다. 실제로 자기 연민 점수가 높은 사람은 스트레스에 더 잘 대처하고, 우울과 불안 수준이 낮으며, 타인에게도 더 따뜻하다는 연구 결과가 있다. 이는 자기 사랑이 단순한 감정이 아니라 삶을 대하는 태도이며, 자신을 돌보는 방식이라는 것을 보여준다. 칼 로저스도 "자신을 있는 그대로 받아들이는 것에서 진정한 변화가 시작된다"라고 말했다.

자기 사랑은 '지금 이대로 충분하다'라는 기반에서 시작되며 안정감은 외적 성취 없이도 내면의 평화를 만들어 준다. 이런 자기 수용은 우리가 끊임없이 무언가를 증명하려는 삶에서 벗어나는 데 결정적인 역할을 한다.

상담실에서 만난 한 엄마의 이야기가 떠오른다. 두 아이를 키우는 40대 초반의 그녀는 첫 상담에서 이렇게 말했다. "제가 뭘 잘못한 건지 모르겠어요. 아이들한테 최선을 다하는데, 남편은 제가 아이들만 챙긴다고 서운해하고, 아이들은 엄마가 너무 간섭한다고 해요. 저는 저를 위해서는 아무것도 안 하는데요” 그녀의 목소리에는 억울함과 피로가 가득했다. 상담을 진행하며 알게 된 것은 그녀가 자신의 감정과 욕구를 한 번도 제대로 들여다본 적이 없다는 사실이었다. 늘 다른 사람의 필요를 먼저 채우느라 정작 자신이 지금 무엇을 느끼고 무엇을 원하는지조차 잘 모르고 있었다.

이처럼 많은 엄마가 자신을 돌보는 일을 ‘나중에’, ‘여유가 생기면’으로 미룬다. 하지만 자기 돌봄은 사치가 아니라 필수다. 심리학에서는 이를 ‘정서적 산소마스크 원칙’이라고 부른다. 비행기에서 비상 상황이 발생하면 보호자가 먼저 산소마스크를 착용한 후 아이를 도와야 한다. 자신이 먼저 숨을 쉴 수 있어야 다른 사람을 도울 수 있기 때문이다. 감정도 마찬가지다. 엄마가 정서적으로 고갈되면 아무리 좋은 의도로 아이를 돌봐도 온전할 수 없다.

자신을 사랑하기 위해서는 자신을 알아차리는 능력이 선행되어야 한다. 이를 가능하게 해주는 것이 바로 메타인지다. 메타인지는 자신의 판단, 감정, 기억, 사고의 흐름을 한 발짝 떨어져서 관찰하는 정신 기능이다. 이 능력이 높을수록 우리는 자기 생각과 감정을 더 정확하게 자각하고 조절할 수 있다.

하지만 마음을 먹는다고 바로 바뀌지 않는다. 죄책감, 자기 비하, 자격지심이 자동처럼 따라온다. 그래서 자신을 진심으로 사랑하기 위해선 많은 과정이 필요하다. 그런 과정에는 내면아이 치유, 독서,

글쓰기, 대화를 통한 자각이 모두 포함된다.

특히 어떤 사건에 얽혀 있는 감정이 해소되지 않으면 그 감정이 사건 전체를 덮어버려 진정한 자신을 알아가기는 어렵게 된다. 감정은 흐르지 않으면 굳는다. 굳은 감정은 기억을 왜곡시키고, 현재의 나를 제한한다. 따라서 그 사건에 대해, 그 감정에 관해 써보는 것이 도움이 된다. 글쓰기는 생각을 정리하고 감정을 객관화하는 강력한 도구다.

심리학자 제임스 페니베이커는 '표현적 글쓰기'의 효과를 연구했다. 그의 연구에 따르면 하루 15분씩 34일 동안 자신의 깊은 감정과 생각을 글로 쓴 사람들은 면역 기능이 향상되고, 우울감이 감소되며 건강까지 좋아졌다고 한다. 글쓰기는 단순히 감정을 토해내는 것이 아니라 혼란스러운 경험에 의미를 부여하고 자신을 이해하는 과정이다.

자신의 감정 고통을 마주하는 순간은 괴롭다. 수치심, 분노, 외로움이 적나라하게 드러나기 때문이다. 하지만 바로 이 감정을 기록하고 통과해야 비로소 자신을 진실로 사랑할 수 있다. 자신의 고통은 자기 자신이 만들어내는 경우가 많다.

그것이 바로 진정한 나의 모습인데, 그것을 받아들이지 못하고 밀어내기 때문에 고통이 시작된다. 받아들이지 못한 나의 모습이 상처가 되어 나를 자꾸 괴롭히는 것이다. 그러나 그 모습을 인정하고 수용하면 고통은 자연스럽게 흘러가고 사라진다. 그렇게 우리는 전과는 다른 '나'로 성장하게 된다. 있는 그대로의 나를 인정하는 것, 그것이 자기 사랑의 시작이며 완성이다.

나도 예전에는 모르는 것이 있어도 물어보는 것을 망설였다. 내가 이걸 모른다고 하면 어떻게 볼까, 그 사람이 나를 평가할까 두려웠다. 그런데 나를 인정하고 나서부터는 모르는 건 자연스럽게 묻는다. 그러면 상대도 나를 존중해주며 기꺼이 알려준다.

한 번은 '자기 수용'에 관한 강의를 듣다가 쉬는 시간에 교수님께 조심스럽게 물었다. "자기를 수용하고 나니까 오히려 단점이 더 드러나는 것 같아요." 교수님은 웃으며 되물으셨다. "그럴 때 감정이 어때요?" 나는 "뭐 아무렇지도 않아요. 그냥 편해요." 그 말을 들은 교수님은 더 밝게 웃으시며 말씀하셨다. "그게 왜 단점이죠?" 단점이 아니라는 말에 순간 멍해졌다. 당연하다고 믿었던 생각이 뒤집히는 느낌이었다.

생각해보면 정말 그랬다. 느린 것, 급한 것, 내성적인 것, 활발한 것, 지나치게 조용하거나 감정이 풍부한 것도 모두 단점이 아니라 성향일 뿐이었다. 어디까지가 단점이고 어디부터가 장점인지 경계는 모호하고, 누가 정해준 기준도 없다. 단점이라 여겼던 많은 것들이 사실은 자연스러운 성향일 수 있다. 당신도 평균의 기준에서 벗어나도 괜찮다. 이제는 자신을 있는 그대로 바라볼 때다.

자신을 사랑하지 않으면 가족을 대할 때도 무리하게 에너지를 쏟게 된다. 특히 엄마들이 자주 사용하는 희생은 자기 사랑이 부족할 때 나타나는 대응 방식일 수 있다. 채워지지 않은 상태에서 누군가를 위해 무리하게 희생하다 보면, 결국 "내가 너한테 어떻게 했는데"라는 섭섭함이 나온다. 하지만 정작 상대는 그런 희생을 의식하지 못한다. 오히려 "누가 해 달랬어?"라는 말이 돌아온다. 내가 충분히 여유 있고 기쁠 때, 마음에서 우러나서 주는 것이 진짜 사랑이다.

'곳간에서 인심이 난다'라는 말처럼, 스스로 사랑으로 채워져야만 타인에게도 진심을 나눌 수 있다. 엄마가 자기 자신을 사랑해야 자녀나 배우자에게도 여유가 생기고 건강한 관계를 형성할 수 있다. 자기 사랑은 가족 전체에 건강한 정서적 파장을 일으키는 강력한 출발점이다.

자기 사랑은 거창한 무언가가 아니다. 일상 속 작은 선택과 실천의 축적이다. 그리고 그 작은 실천들이 모여 당신과 당신의 가족을 더 건강하게 만들어 줄 것이다. 자기 자신을 무한대로 사랑할 수 있는 그 특권을 당신도 당당하게 누려라.

3 모두를 진심으로 사랑하는 감정을 키워라

에리히 프롬은 『사랑의 기술』에서 사랑은 감정이 아니라 기술이라고 말한다. 사랑은 배워야 하고 훈련해야 하는 것이며, 그 핵심에는 배려, 책임, 존경, 이해라는 네 가지 요소가 들어 있다. 프롬은 사랑은 마음이 가는 일이 아니라 마음을 쓰는 일이라고 했다. 내가 먼저 배려하고, 책임지려 하고, 이해하려는 마음에서부터 사랑은 시작된다고 보았다.

우리는 너무 자주 '사랑받고 싶다'라는 마음에 갇혀 '사랑하는 연습'을 하지 못한다. 상대방이 나를 채워주기만을 기다리느라 스스로 사랑을 능동적으로 행하는 주체가 되는 역할을 놓친다. 누군가를 사랑하고 싶은 마음보다 기대하고 실망하는 감정에 먼저 휩쓸려 진정한 사랑을 보지 못한다. 특히 가족처럼 기대와 상처가 얽힌 관계에서는 감정만으로 사랑을 유지하기 어렵다.

사랑해서 결혼한 사람인데, 그 사람을 다시 사랑하는 것이 이렇게 힘들 줄 몰랐다는 고백도 많다. 미운 이유를 말하라면 술술 나오지만,

사랑하는 이유를 말하라면 막막해지는 순간이 온다. 사랑은 결국 감정이 아니라 의지이자 지혜의 문제다. 가족은 가장 깊이 사랑하는 대상이지만, 그 사랑 안에는 기대와 의존이 함께 섞여 있다. 그래서 진심으로 사랑하고 아껴주는 것이 오히려 더 어렵게 느껴진다. 기대가 크면 실망도 크고, 의지가 클수록 상처도 깊기 때문이다. 반면 타인에게는 편한 마음으로 다가가기 때문에 있는 그대로 받아들이는 것이 쉬울 수 있다.

로버트 스턴버그는 사랑을 세 가지 요소로 설명했다. 첫째는 정서적 유대와 공감에서 비롯되는 '친밀감', 둘째는 설렘과 끌림을 의미하는 '열정', 셋째는 관계를 유지하려는 의지인 '헌신'이다. 연인 관계에서는 열정이 크게 작용하지만, 오랜 시간 함께 살아가는 가족 관계에서는 열정보다 친밀감과 헌신이 훨씬 더 중요해진다.

하지만 시간이 흐르면서 열정은 익숙함으로, 익숙함은 종종 무심함이나 섭섭함으로 바뀌곤 한다. 타인에게는 관대하면서도 정작 가족에게는 쉽게 서운해지고, 사소한 말과 행동에도 상처받는 이유가 여기에 있다. 사랑은 유지하려는 '의지'와 관계를 돌보는 '방식'이 함께 작동할 때 지속될 수 있다.

모든 부모는 자녀를 사랑한다. 하지만 그 사랑이 언제나 좋은 관계로 이어지는 것은 아니다. 상담하다 보면 부모가 스스로 옳다고 생각하는 기준을 자녀에게 강요하는 경우를 종종 만나게 된다. 물론 부모의 의도가 나쁜 것은 아니다. 다만 자녀의 성향을 충분히 헤아리지 못한 채, 자녀가 자신과 비슷하다고 생각하거나, 비슷해지기를 바라면서 자신의 기준을 무심코 강요하게 되는 것이다.

한 어머니는 고등학생 자녀가 친척들 앞에서 갑자기 눈물을 흘리자 당황한 나머지 아이를 다그쳤다. 그 후 아이가 마음의 병을 얻고 병원 진료를 받게 되었을 때, 어머니는 비로소 자신의 행동을 돌아볼 수 있었다. 그 순간들을 후회하며 이렇게 말했다. '아이가 저와는 성향이 다르다는 것을, 이제야 받아들이게 됐어요'.

자녀를 사랑할 때도 존중과 배려가 필요하다. 규칙이나 중요한 일을 결정할 때, 일방적인 통보나 지시가 아닌 상호 합의를 거치는 노력이 필요하다. 자녀의 기질과 발달 특성을 이해하려는 노력 역시 중요하다. 사랑이라는 이름으로 일방적인 통제나 지시가 반복되면 자녀는 점차 마음의 문을 닫게 된다. 가족을 사랑하는 마음을 키우기 위해 먼저 '모두를 사랑하는 마음'을 키우는 연습부터 시작해 보자.

우리는 흔히 자신의 기준으로 이해할 수 없는 사람들을 쉽게 비판하고 판단하며 그들의 말과 행동에 상처를 받기도 한다. 예를 들어 누군가가 나에게 갑자기 날카롭게 말했다면, '왜 저렇게 말하지?' 하고 바로 상처받기보다는 '저 사람은 원래 성격이 급해서 이런 상황에서 쉽게 예민해지는구나!' 하고 한 걸음 물러서서 생각해 보는 것이다. 이렇게 상대의 행동 뒤에 있는 맥락을 이해하려는 태도만으로도, 자연스럽게 공감과 배려의 마음이 생긴다. 그 순간부터 상대의 말과 행동을 전과는 다르게 받아들이게 된다.

'모두를 사랑한다.'라는 말이 너무 이상적으로 들릴지도 모르지만, 생각 해 보면 우리는 모두 각자의 고통과 상처를 안고 살아가는 존재들이다. 누구나 각자의 삶이 힘들지만 그런 고단함을 품고도 당신 앞에서는 다정하게 웃고 있지 않은가? 그런 존재들을 굳이 미워하며 내 에너지를 소모할 필요는 없다.

누군가에게 나쁜 마음을 가지면 그 에너지는 결국 나 자신에게 더 크게 남는다. 내가 먼저 사랑의 안경을 쓰고 세상을 바라보면 화를 내는 사람조차 안쓰럽고 연민의 시선으로 보이기 시작한다. 한 사람에게 나쁜 면만 있을 수는 없다. 화를 내던 상사도 길고양이를 보며 미소를 지을 수 있고, 매정해 보이던 사람도 알고 보면 상처에 취약한 마음을 숨기고 있는 경우가 많다.

내가 먼저 사랑을 품고 바라보면, 같은 행동도 다르게 해석된다. 이는 단지 마음의 자세가 아니라 심리학적으로 입증된 지각의 변화이기도 하다. 사랑과 배려로 내 마음을 채우면 상대를 바라보는 데 방해가 되는 두려움이나 의심, 불신 같은 감정들이 사라진다.

무뚝뚝한 사람이라고 단정하면 그의 말투와 표정도 딱딱하게 느껴지지만, 내 마음이 바뀌면 같은 표정도 담담함이나 진지함, 때로는 귀여움으로까지 해석될 수 있다. 이처럼 내면의 정서가 바뀌면 외부 자극에 대한 해석도 달라진다.

나도 처음에는 사람들을 판단하는 마음이 많았다. '좀 더 친절한 모습이면 좋을 텐데', '그 부분은 잘 모르실 수도 있지!' 하면서 나만의 기준으로 상대를 판단했다. 그러다 나는 거의 매일 '나는 감사와 사랑이 넘친다.'라는 확언을 적기 시작했다. 그 뒤로 모든 사람이 예뻐 보이고 각자의 성향대로 존중하고 인정하게 되었다. 상대의 어떤 행동에도 이해하는 마음이 먼저 떠오르고 판단하는 마음은 사라졌다.

이렇게 사람들에게 사랑하는 마음이 생기니 자연스럽게 인사를 할 때 미소가 지어지고 모든 사람을 친절하게 대할 수 있었다. 그 결과 내가 보낸 사랑이 돌고 돌아서 나에게 더 크게 돌아오는 것을 느꼈다. 사랑을 베풀면 나의 마음이 편해진다. 매일 사랑을 생각하고 있기 때문에 내 주변도 사랑의 반응으로 돌아오는 것이다.

어떤 사건을 비판적으로 생각하면서 나의 소중한 에너지를 낭비할 일도 없어진다. 각자 열심히 노력하면서 살아가는 이들, 자신의 힘듦을 홀로 견디며 살아가는 모두에게 친절하지 않을 이유가 없다. '가는 말이 고와야 오는 말이 곱다'라는 말처럼, 내가 먼저 사랑을 보내면 결국엔 돌아오게 되어 있다.

직장 생활을 할 때 누군가 "저 사람 성격이 좀 별로야"라는 말을 들으면 '조심하자'라는 생각보다 '어떤 사람일까?'하고 궁금해졌다. 실제로 만나보면 대부분은 예상과 달리 따뜻하고 친절한 사람이었다.

판단하는 마음은 많은 좋은 것들을 발견하지 못하게 만든다. 나의 시야를 좁히는 것과 같다. 사랑의 마음으로 사람들을 먼저 대하면, 그 마음은 결국 나에게 되돌아온다. 오늘 만나는 사람들에게 편견 없이 다가가 보자. 작은 친절과 이해가 쌓이면서 우리 삶은 조금씩 따뜻해질 것이다.

이렇게 모두를 사랑하는 연습을 하다 보면 가족을 사랑하는 일도 조금씩 수월해진다. 상대를 이해하고 다름을 인정하고 함께 조율하려는 노력이 반복될 때, 비로소 사랑은 자란다.

배우자, 자녀, 부모 모두 나와는 다른 기대와 성향이 있다는 점을 존중해야 한다. 우리는 너무 쉽게 가족에게 일방적인 기대를 품는다. 이러한 기대의 틀을 깨고 그들을 객관적인 한 사람으로 바라보는 것이 중요하다.

사랑은 감정만으로 유지되지 않는다. 사랑에는 인내도 포함되어 있다. 사랑하는 마음은 누구에게나 있지만, 그 마음을 오래 잘 전하기 위해서는 가족에 대한 이해와 꾸준한 노력이 꼭 필요하다. 책임감, 존중, 배려가 뿌리내릴 때 우리는 더 깊고 성숙한 사랑을 경험할 수 있다.

요즘은 집이 아닌 카페의 1인 좌석이나 스터디카페처럼 깔끔하게 정돈된 공간에서 공부하거나 업무를 본다. 굳이 돈과 시간을 들여 집 밖의 장소를 찾는 데는 분명한 이유가 있다. 그것은 바로 깔끔하고 정돈된 환경이 집중력은 물론 우리의 감정 상태에도 결정적인 영향을 미치기 때문이다.

환경심리학에서는 공간이 정돈되어 있을 때 사람의 감정이 더 안정된다고 본다. 우리의 뇌는 시각적으로 어지러운 환경에 노출되면 무의식적으로 끊임없이 불필요한 정보를 처리하려고 한다. 이 과정에서 뇌는 쉽게 피로해지고, 결과적으로 우리의 감정까지 복잡하고 불안정해지기 쉽다. 반대로 깨끗하고 정돈된 공간에서는 마음이 차분해지고 집중력이 높아지는 효과가 나타난다.

눈앞의 환경을 정리하는 것은 머릿속의 복잡한 생각과 감정을 함께 정리하는 행위나 다름없다. 주변 공간이 정돈되지 않아 자신도 모르게 감정을 소모하고 있지는 않은지 돌아볼 필요가 있다.

실제로 학교에서 바쁘게 업무를 처리하던 어느 날, 교장 선생님께서 위클래스에 들어오셨다. 곧 다른 학교 교장 선생님이 방문하실 예정이라는 소식이었다. '지금 너무 바쁜데'라는 생각이 스치기도 했지만 빨리 주변을 정리하고 자리에 앉았다. 그런데 놀랍게도 짧은 정리 후에 집중력과 마음 상태가 이전과 확연히 달라진 것을 느낄 수 있었다. 공간이 정돈되면 마음과 정신도 함께 정리된다는 것을 몸으로 체감한 순간이었다.

우리는 종종 책상 위에 서류와 읽지 않은 책들이 산처럼 쌓인 채로 근무하는 사람들을 본다. 실제로 그런 책상을 본 적이 있는데, 사용하지 않는 물건들로 인해 정작 업무는 책상 한편의 좁은 공간에서 겨우 이루어지고 있었다. 그 책상을 정리해 주고 싶은 마음이 굴뚝같았다. 그 사람을 판단해서가 아니었다. 단지 깨끗해진 책상에서 일할 때 느낄 수 있는 정돈된 감정을 그 사람도 경험하게 해주고 싶었기 때문이다. 이렇듯 주변을 정리하는 것이 곧 내면의 감정을 청소하는 일이라는 것을 깨닫게 된다.

그중에서도 비교적 쉽고 간단한 것이 책상 청소이다. 쓰레기가 많지도 않고 공간도 크지 않기 때문에 마음만 먹으면 금방 정리할 수 있다. 우선 보지 않는 책이나 사용하지 않는 서류는 과감히 정리하고, 컴퓨터 속 파일도 함께 정리해 보자. 그렇게 작은 환경을 정돈하다 보면 자존감까지 올라가는 경험을 하게 될 것이다.

회사에서는 많은 공간을 함께 사용한다. 내 책상은 개인 공간일지 몰라도 바닥은 공동으로 사용하는 경우가 많다. 그래서 청소하기가 더 어렵게 느껴질 수 있다. 바닥에 먼지가 굴러다녀도 누구 하나 신경 쓰지 않는 때도 있다. 하지만 그런 바닥을 스스로 한번 청소해 보라. 몸을 움직이며 환경을 정돈하는 그 짧은 시간이 생각보다 상쾌한 기분을 안겨주고, 업무의 효율까지 높여줄 수 있다.

환경과 청결의 중요성을 보여주는 연구들은 정말 많다. 특히 범죄학자 윌슨과 켈링은 유명한 '깨진 유리창 이론'을 통해 환경과 인간의 행동이 얼마나 밀접하게 연결되어 있는지 설명한다. 깨진 창문 하나를 그대로 두면 '이곳은 관리되지 않는 공간'이라는 무언의 신호가 되어 더 큰 무질서와 심지어 범죄로까지 이어질 수 있다는 것이다. 실제로 1990년대 뉴욕시는 이 이론을 적용하여 지하철의 낙서를 지우고 무임승차를 단속하는 작은 행동을 시작했다. 그 결과 도시 전체의 강력 범죄율을 낮추는 데 성공하는 놀라운 결과를 보여주었다.

정돈된 환경은 우리 안의 자기 통제력을 높여줄 뿐만 아니라, 타인에 대한 배려심까지 끌어올리는 효과가 있다. 자동차를 생각하면 이해하기 쉽다. 깨끗하게 관리된 차에는 함부로 손대기 꺼려지지만, 이미 더럽고 낙서가 많은 차에는 누구나 쉽게 또 다른 낙서를 남기는 법이다.

우리가 가장 많은 시간을 보내는 집은 단순히 머무는 장소가 아니라 정서적인 안정감에 가장 큰 영향을 미치는 곳이다. 밖에서는 활기가 넘치지만, 집에 오면 무기력해지고, 어질러진 공간 속에서 생기까지 사라진다면 그것만큼 안타까운 일도 없을 것이다. 친구와 함께 분위기 좋은 곳에서 차를 마시며 기분이 좋아졌는데 집에 돌아오자마자 다시 그 공간으로 나가고 싶은 마음이 든다면 이미 집은 당신에게 안락함을 주지 못하고 있다는 것이다. 그래서 우리는 삶의 중심이 되는 집을 잘 정리하고 돌보아야 한다. 이것이야말로 가장 먼저 실천해야 할 감정 관리인 셈이다.

〈방 정리 기술〉의 저자 마스다 미츠히로는 수천 채의 집을 청소해 온 전문가다. 그는 집을 보면 가족 관계, 건강 상태, 경제 흐름까지도 집 안의 정리 상태에 고스란히 드러난다고 말한다. 사람들은 그가 마치 미래를 예언하는 것처럼 말한다고 놀라지만, 그는 담담히 답한다. "저는 단지 방이 말해준 것을 전했을 뿐입니다." 이 말은 한 사람의 삶의 단면이 공간에 그대로 드러난다는 뜻이다. 그는 수많은 집을 청소하며 하나의 공통점을 발견했다. 부엌, 침실, 거실 같은 핵심 공간을 보면 그 집 사람의 과거, 현재, 미래가 고스란히 드러난다는 사실이다.

부엌은 가족의 건강 상태와 일상의 리듬, 그리고 부의 흐름과 밀접하게 연결되어 있다. 거실은 가족 전체의 소통과 분위기를 나타내는 공간이다. 물건으로 가득 차 대화할 자리가 없는 거실이라면 그 집의 정서적 거리도 멀어져 있을 가능성이 크다. 집안은 가족들이 함께 생활하는 공간이기에, 그 공간은 가족의 관계를 고스란히 반영하는 거울이다. 정리된 공간에서는 소통이 살아 있기 마련이다.

마스다 미츠히로는 '공간을 정리하자 가족 간에 대화가 생기기 시작했다'라며 수많은 사례를 소개했다. 특히 식탁 위에 늘 물건이 쌓여 있는 집은 함께 밥을 먹거나 자연스럽게 대화할 기회가 줄어들게 된다. 반면 식탁이 비어 있고 의자가 가지런히 정돈되어 있다면 누군가 앉아도 좋을 것 같은 따뜻한 기운이 흐르고, 실제로 가족이 마주 앉을 가능성도 훨씬 커진다.

가족과의 관계를 더 따뜻하게 만들고 싶다면 먼저 감정이 흐를 수 있는 환경부터 바꿔보자. 공간을 정리하는 작은 실천이 가족 모두의 마음을 여는 시작이 될 수 있다. 대화를 나누고 싶은 공간을 정리하고, 아이가 흥미를 느꼈으면 하는 것들을 눈에 띄는 자리에 두는 것만으로도 집안 분위기는 크게 달라진다.

자주 하는 잔소리보다 단 한 번의 공간 변화가 가족을 바꾸는 더 강한 힘이 될 수 있다. 정리가 막막하게 느껴질 때는 사용하지 않는 물건을 과감하게 버리는 것부터 시작하면 된다. 사용하지 않는 물건들을 정리할 때 공간도 마음도 함께 가벼워지는 법이다.

화장실은 좁고 구조가 단순해서 청소를 빠르게 끝낼 수 있는 최적의 장소다. 잠깐의 수고만으로도 공간이 정리되고, 그에 따라 마음도 한결 개운해진다. 작은 성취지만 의외로 큰 만족감을 안겨주는 것이다.

다음은 냉장고다. 특히 냉동실을 열어보면 한때는 필요하다고 생각했던 낯선 음식들과 오래된 봉지들이 가득할 수 있다. 먹지 않는 것, 기억조차 나지 않는 것들을 정리하자. 버릴수록 공간이 생기고 마음의 여유도 생기는 경험을 하게 될 것이다. 주방, 옷장, 책상 위 정리는 이렇게 하나하나 버리는 것에서부터 시작되는 것이다.

환경을 정돈하는 일이 나를 위한 작은 배려이자 스스로 존중하는 길이다. 많은 사람은 마음이 복잡하고 힘들 때 환경은 그대로 둔 채

오롯이 감정만 붙잡고 버텨내려 한다. 하지만 그럴수록 오히려 감정은 더 무거워지고, 머릿속은 더 어지럽게 얽힌다. 이럴 때야말로 마음속 정리를 위해 눈에 보이는 공간부터 정리를 시작할 때이다. 청소한다는 건 단순히 먼지를 없애는 일이 아니다. 내 마음을 정리하기 위한 중요한 수단이 된다.

낡고 오래된 집이라고 해서 포기할 필요는 없다. 정리만 잘 되어 있어도 분위기는 충분히 달라질 수 있다. 나 역시 좁은 집에 살던 시절에는 붙이는 벽지 몇 장과 저가형 가구 몇 개로 공간에 변화를 주었다. 고급스럽게 분위기를 바꾼다기보다는 정리되지 않은 공간을 정리한다는 마음으로 시작하면 부담이 적고, 집에 어울릴 만한 새로운 가구들도 눈에 들어올 것이다. 유튜브나 SNS만 찾아봐도 따라 하기 쉬운 실내장식 방법들이 넘쳐난다. 감각 있는 가구를 살 수 있는 곳, 깔끔한 정리 방법도 쉽게 배울 수 있다. 하지만 더 중요한 건 중요한 정보보다 행동으로 옮기는 의지다.

감정을 바꾸고 싶은가? 그렇다면 지금 손닿는 곳부터 정리해 보자. 식탁 위에 쌓인 서류를 치우고, 화장실 청소를 하는 일부터 시작하는 것이다. 단순한 실천 하나가 환경을 바꾸고 바뀐 환경은 결국 감정을 바꾸게 된다. 지금 내가 머무는 이곳부터 정성껏 가꾸기 시작할 때, 비로소 마음도 그 안에서 편안하게 쉴 수 있게 되는 것이다.

5. 작은 성취감이 만드는 큰 변화

많은 엄마가 공감하겠지만, 자신만의 시간을 갖기란 쉽지 않은 일이다. 특히 아이를 키우는 엄마들에게는 더욱 그렇다. 직장인 엄마는 직장에서의 업무와 퇴근 후 집안일로 눈코 뜰 새 없이 바쁘고, 전업주부 역시 온종일 집안일을 하다 보면 시간이 쏜살같이 지나간다. 겨우 집안일을 마치고 잠시 쉬려 하면 아이 하교 시간이고, 아이가 초등학교에 들어가면 귀가 시간은 더 빨라지는 것이 현실이다.

시간상으로 여유가 없는 상황에서도 단 5분이라도 나를 위한 시간을 확보하는 것이 중요하다. 모든 시간을 가족에게만 쓰다 보면 나만 희생했다는 기분이 들 수 있고, 문득 공허함이 밀려올 수도 있기 때문이다. 물론 가족과 함께하는 시간도 소중하다. 하지만 나 자신만을 위한 시간 역시 삶의 균형을 위해 필요한 것은 아닐까? 이 작은 시간이 모여 엄마의 감정을 단단하게 지탱해 줄 것이다.

아이를 재우고 나면, 보고 싶었던 TV 프로그램을 보거나, 먹고 싶었던 음식을 먹어야지 하는 생각, 엄마라면 누구나 한 번쯤 해봤을 것이다. 혹은 나만의 시간이 부족했기에 아이가 잠들면 마치 보상이라도 받듯 유익하지 않은 휴대전화 영상만 계속 들여다보기도 한다.

나 역시 마찬가지였다. 직장에서 정신없이 일하고, 집에 와서 또다시 집안일에 매달렸다. 그러다 아이가 잠들면 혼자만의 여유를 갖는다며 딱히 필요하지도 않은 영상을 시청하곤 했다. 그러다 보면 시간이 훌쩍 가버리고 잠도 늦게 자게 되는 것이다. 잠들기 직전까지 휴대전화를 봤으니 깊은 잠을 자기도 어려울 것은 당연하다. 다음 날 일어나서 어제 영상을 보며 보낸 시간이 유익했다고 느껴지지도 않는다. 오히려 일찍 잤으면 몸이라도 개운했을 텐데 하는 생각만 들 뿐이다. 나에게 주어진 소중한 5분의 보상 시간을 어떻게 하면 후회 없이 쓸 수 있을까? 이 질문에 대한 답을 찾아야 할 때이다.

어떤 워킹맘의 이야기가 기억에 남는다. 퇴근 후 급하게 집으로 돌아와 또다시 집안일에 시달리니 체력적으로나 정신적으로 피곤했다는 내용이었다. 그래서 생각해 낸 방법은 퇴근 후 10분 정도 마음을 가라앉히며 걷는 것이었다. 혼자 걷는 시간을 갖고 난 후, 집에 들어가 집안일할 때 비로소 마음에 여유가 생겼다고 한다.

이처럼 오직 자신만을 위한 시간을 갖는 방법이 꼭 거창할 필요는 없다. 큰돈이나 많은 시간이 드는 것도 아니다. 아주 간단한 방법으로는 자신이 좋아하는 음악을 듣는 것이 있다. 좋아했던 옛 노래나 특별한 추억이 담긴 노래를 듣거나 따라 불러보는 것은 어떨까? 노래한 곡 듣는 데는 3~4분 정도 걸릴 것이다. 그 시간 동안 다른 것에 신경쓰지 않고 오로지 음악에만 온 마음을 집중할 수 있다. 그렇게 사용한 시간은 값진 시간이 된다.

휴대전화를 보며 쉬는 것이 진정한 휴식이 아니라는 것은 아마 당신도 잘 알고 있을 것이다. 휴대전화가 보여주는 무작위 영상을 수동적으로 바라보는 시간은 결국 성취감을 주지 못한다.

또 다른 쉬운 실천은 자기 전에 자신이 잘한 일을 칭찬하는 것이다. 30초면 충분하다. 잠들기 전에 오늘의 후회나 실수를 떠올리지 않고, 자신이 잘한 일을 스스로 칭찬하며 살짝 미소 지어 보는 것은 어떨까. 칭찬할 일이 없을 것 같지만 의외로 많다. 회사에 출근한 일, 가족을 위해 집안일을 한 일, 가족들에게 칭찬의 말을 건넨 일 등등 말이다.

실수한 일이 계속 떠오른다면 "괜찮아, 누구나 실수할 수 있어."라고 자신을 위로해 본다. 이렇게 자기 전에 자신을 칭찬하거나 위로하는 시간 자체가 의미 있는 시간이 된다. 좋은 생각을 하며 잠들 수 있고, 잠자기 전 좋은 기분은 좋은 아침을 맞이하게 해줄 것이다.

좋아하는 차를 마시거나 좋아하는 카페에 가는 것도 좋다. 차를 마실 때는 오로지 차의 향기와 맛에만 집중하는 것이다. 나를 위한 시간에는 나의 오감에만 집중하며 쉬는 것이 좋다. 카페에 가는 것이 번거롭다면 집에서 충분히 할 수 있는 것들이 많다. 그중 하나는, 자신의 호흡에 주의를 기울여 보는 일이다. 근육의 움직임을 느껴보는 것도 좋다. 그렇게 5분만 실천해도 나의 몸과 마음의 상태가 어떤지 알 수 있다. 고요와 평화를 느낄 수 있다.

이처럼 단 5분이라도 온전히 나에게 시간을 주어야 한다. 그렇지 않으면 많은 일을 해치우며 시간을 보내게 되고, 정작 내가 무엇을 하고 있는지도 느끼지 못한 채 허둥지둥 지내게 된다. 그러다 보면 정신적으로 지치고 여유를 잃게 되며, 이는 몸의 피로로 이어질 수도 있다. 자신의 오감을 천천히 느끼게 해주는 조용한 시간은 그 무엇보다 중요하다.

하지만 때로는 뭔가 해소되지 않은 감정이 남아 있을 수도 있다. 분명 나는 열심히 하루를 살아냈는데, 하루가 재미없고 의미 없는 것처럼 느껴질 수도 있을 것이다. 이럴 때는 성장의 욕구를 채워주고 성취감을 느끼는 것이 도움이 된다. 성취감을 느끼기 위해 꼭 성공하거나 상을 받을 필요는 없다. '무언가를 나를 위해 해냈다.'라는 감정을 느끼는 것만으로도 충분하다. 이는 스스로가 중요하고 가치 있는 존재임을 느끼게 해주기 때문이다.

헬스장을 끊어 일주일에 세 번 이상, 40분 이상 운동을 해서 성취감을 느끼라는 말이 아니다. 일단 자신이 무엇을 배우고 싶은지 생각하자. 청소년 시기부터 배우고 싶었던 것이 있었을 것이다. 악기, 노래, 미술 등 말이다. 만약 드럼을 배우고 싶다면, 당장 드럼을 사고 학원에 등록하는 추진력도 필요 없다. 요즘에는 전문적이고 좋은 영상들이 많으니, 드럼 배우는 영상을 검색해서 시청해 본다. 볼펜, 젓가락 등은 쉽게 구할 수 있을 것이다. 영상을 보면서 드럼을 치는 연습을 하면 된다.

매일 드럼을 배우는 영상을 5분씩 보거나, 힘들다면 매일 1분씩이라도 드럼 강좌 영상을 본다. 정확히 따라 할 필요도 없다. 당신이 유명 드럼연주자가 된 것처럼 느낌 가는 대로 열정으로 따라 하면 되는 것이다. 머릿속으로 드럼을 상상하고, 그 드럼을 치면서 입으로 드럼 소리를 내어 봐도 좋다. 당신은 이미 최고의 드럼연주자가 되었다! 내일도 이렇게 1분 동안 최고의 드럼연주자가 되는 것이다. 그러다 재미있어지면 냄비 뚜껑을 추가하고, 더 재미있어지면 냄비 뚜껑을 조금 고급스러운 것으로 바꿔볼 수도 있을 것이다. 접시도 괜찮을까? 그것은 전적으로 당신의 기호에 달린 일이다.

이렇게 진취적인 행동을 할 때 삶의 활력이 생긴다. 매일 좋은 아내, 좋은 엄마로 살아가다 보면 하루가 의미 없게 느껴질 수 있다. 매일 당신이 가치 있다고 생각하는 작은 행동으로 하루가 보람되고, 그 일을 하는 시간이 기다려지는 법이다.

엄마의 인생을 살다 보면 자신을 잃어버리는 경우가 많다. 그러다 보면 문득 아이나 남편을 원망하기도 한다. '가족들을 챙기고 보살피느라 내 시간이 없었어.'라고 말이다. 그것은 사실이면서 동시에 사실이 아닐 수도 있다. 당신이 스스로 돌보지 않은 것이기에, 누구의 책임으로도 돌릴 수 없는 일인 것이다.

궁극적으로 성취감 있는 활동을 통해 자신을 돌보고 고유한 정체성을 확립해야 한다. 우리는 모두 각기 다른 잠재력과 귀한 재능을 지니고 있다. 이 자신만의 재능을 스스로 발굴하고 계발하는 것이 핵심이다. 아이, 남편, 혹은 친한 친구 그 누구도 당신 삶의 본질적인 보람을 채워줄 수는 없다.

당신은 엄마이자 아내이기 이전에, 온전한 한 사람이다. 그리고 그 한 사람을 가장 그 사람답게 피어나게 만드는 주체는 바로 자신이다.

자신답게 피어날 때 내적인 자신감과 삶의 열정을 얻는다. 자신답게 피어나는 방법을 스스로 탐색하고 실현하는 과정이 중요하다는 뜻이다. 이 과정이야말로 우리 삶에 진정한 활력을 불어넣는다.

우리는 너무 오랫동안 '좋은 엄마', '괜찮은 아내', '성실한 딸'이라는 역할 속에서 살아왔다. 물론 그 역할이 나쁜 것은 아니다. 하지만 그 속에 갇혀 '나'라는 존재는 점점 희미해질 수 있다. 그렇다고 모든 것을 멈추고 나를 찾으라는 말은 아니다. 지금 나에게 온전히 집중하는 것. 그것이 바로 자기 회복의 시작이 된다. 좋아하는 음악을 듣고, 차를 마시고, 자신을 칭찬하고, 꿈꿨던 것을 아주 작게 시도해 보자. 그렇게 사소한 실천들이 쌓이면, 어느새 나도 모르게 나만을 위한 단단한 시간을 확보하게 될 것이다.

그러니 오늘 하루, 가족을 위해서가 아니라 나를 위해서 단 5분이라도 투자해 보길 바란다. 그 시간이 아주 오랫동안 잊고 있던 당신이라는 사람을 다시 불러낼 것이다. 그 5분이 당신의 삶에 어떤 활력을 가져올지, 기대되지 않는가? 오늘, 아니 지금 당장부터 실천에 옮긴다면 금상첨화다.

6 타인과 비교하지 말고 개별성을 인정하자

우리는 SNS를 통해 타인의 화려한 삶을 쉽게 접할 수 있는 시대에 살고 있다. 무심코 스크롤을 올렸을 뿐인데, 의도치 않게 자기 삶이 초라하게 느껴지는 순간을 마주하곤 한다. 분명 내 삶에 만족하고 있었음에도 말이다.

심리학자 레온 페스팅거는 '인간은 자신을 이해하기 위해 본능적으로 타인을 기준으로 삼는다.'라고 언급했다. 이는 우리의 현재 위치와 상태를 확인하기 위해 자연스럽게 다른 사람과 비교를 시도한다는 점을 시사한다. 하지만 소셜 미디어 속 세상은 현실의 한 단면일 뿐임을 인지해야 한다. 대부분 사람은 특별한 날이나 가장 빛나는 순간만을 게시하며, 힘들고 외로운 시간은 잘 드러내지 않는 법이다.

나 역시 제주에 살기 시작했을 때는 아름다운 풍경을 SNS에 공유했지만, 3년이 지나자. 그 아름다운 자연이 일상이 되어버렸다. 평일 퇴근 후 바닷가 앞에서 돗자리를 펴고 김밥을 먹는 순간도 자연스러운 일상이었다. 타인이 부러워하는 순간들이 당사자에게는 이미 익숙한 일상일 수 있다.

상담실에서 만난 사례도 들 수 있다. 네 남매를 둔 엄마의 SNS 배경 화면은 다정한 부부 사진이었지만, 현실은 달랐다. 남편의 가사나 양육 도움은 기대하기 어려웠고, 직장 생활과 자녀들의 상담과 치료를 홀로 맡으며 집안의 모든 일을 감당해야 하는 삶의 무게를 지니고 있었다. 사진만으로는 그녀 삶의 무게를 가늠할 수 없는 노릇이다.

이처럼 겉으로 드러나는 모습만 보고 자신이나 아이를 비교하는 마음은 소셜 미디어나 부모들 간의 대화 속에서 많은 이들이 겪는 일반적인 어려움이다. 가령, "우리 아이는 학원도 다니지 않았는데 서울대를 갔어.", 이런 이야기는 당장 공부에 흥미가 없는 내 아이를 원망하는 감정을 불러온다.

아이와 시간을 함께하며 다양한 체험 활동에 집중해 온 부모는 오히려 자신이 뒤처진 기분을 느끼기 쉽다. 나와 내 아이만 헛되이 시간을 보낸 것 같은 느낌에 빠져들 수 있다. "요즘은 음미체(음악, 미술, 체육) 학원은 기본이에요."라는 다른 엄마들의 말 한마디에도 불안감이 밀려온다. 주말에 다른 집 아이들이 특별한 활동을 할 때 우리 아이만 놀이터에서 놀았다는 사실이 부모의 마음을 불편하게 만들기도 한다. 이러한 비교는 아이에게 더 좋은 것을 해주지 못했다는 죄책감에서 시작되며, 다른 부모들처럼 완벽하지 못하다는 생각들로 이어진다.

그렇다면 이러한 비교의 악순환에서 벗어나 건강한 양육 태도를 유지하려면 어떻게 해야 할까? 핵심은 타인과 비교하지 않고 자신과 아이의 개별성을 인정하는 것이다. 다른 사람의 삶을 잠깐 엿본다고 해서 그것이 그 사람의 전부가 아니라는 점을 기억하며, 다음의 방법들을 통해 우리 아이와 나 자신만의 빛깔을 찾아주는 것이 필요하다.

먼저 아이의 개성과 속도를 존중해야 한다. 모든 아이는 각자의 흥미와 재능, 발달 속도를 가지고 있기 때문이다. 다른 아이의 성과나 활동에 빗대어 내 아이를 평가하기보다, 우리 아이가 무엇을 좋아하고 어떤 강점을 가졌는지에 집중하는 것이 더 중요하다. 아이의 속도에 맞춰 격려하고, 과정에서 노력한 것을 지지하는 것이 아이의 건강한 성장을 돕는 길이다.

다음으로 나만의 양육 가치관을 확립하는 것이 필요하다. 다른 사람들의 말에 쉽게 흔들리지 않도록, 부모로서 자신만의 양육 가치관을 명확히 세우자. 아이에게 어떤 가치를 중요하게 가르칠 것인지, 어떤 경험을 제공하고 싶은지 스스로 기준을 세운다면 외부의 시선에 덜 영향을 받게 될 것이다. 주말에 놀이터에서 신나게 뛰어노는 아이의 모습에서 얻는 행복이, 남들의 시선보다 훨씬 중요할 수 있다는 것을 기억해야 한다.

또한 정보를 선별적으로 수용하고 거리두기도 필요하다. 소셜 미디어나 온라인 커뮤니티는 유용할 수 있지만 과도한 비교를 유발하는 공간이기도 하다. 다른 부모들의 조언을 무조건적으로 받아들이는 것은 피해야 한다. 자신에게 필요한 정보만을 선별적으로 수용하고 불필요한 비교를 부르는 콘텐츠나 대화에는 의도적으로 거리를 두는 연습이 필요하다.

마지막으로 긍정적인 관계에 집중해야 한다. 주변의 다른 엄마들과의 관계에서 비교의 감정이 너무 심하게 느껴진다면, 잠시 거리를 두는 것도 방법이다. 진심으로 서로를 지지해 줄 수 있는 소수의 관계에 더 집중하는 것이 훨씬 좋은 방법이 될 것이다.

다른 사람들의 속도나 방향에 휩쓸릴 필요는 없다. 우리 아이와 나의 속도에 맞춰 꾸준히 나아가는 것이 중요하다. 혹시 요즘 소셜 미디어나 엄마들 간의 대화가 양육에 스트레스를 더하고 있지는 않은지 자신에게 물어보는 것이 좋다. 만약 그렇다면, 잠시 멈추고 우리 아이의 빛나는 개성을 발견해야 한다. 그리고 아이만을 위한 행복한 길을 찾아주는 구체적인 계획을 세우는 것이 중요할 것이다.

아이의 개성을 존중하며 비교의 굴레에서 벗어나야 하는 것처럼, 엄마 자신 또한 타인과의 비교에서 벗어날 수 없는 존재라는 걸 인정해야 한다. 육아를 시작하며 엄마들은 무의식적으로 자신을 다른 엄마들과 비교하며 또 다른 불안감에 시달리곤 한다. 소셜 미디어 피드에는 완벽한 몸매를 자랑하며 운동하는 엄마, 아이들과 함께 근사한 브런치를 즐기는 엄마, 혹은 틈틈이 자기 계발을 하며 경력을 놓지 않는 엄마들이 그 예다. 이런 모습들을 접하면서 '나는 왜 저렇게 못 할까?', '나만 이렇게 육아에 찌들어 있나?' 하는 자책감이나 상대적 박탈감을 느끼기 쉽다.

더 나아가 삶에서도 끊임없이 비교에 직면하게 된다. 친구들은 번듯한 직업을 가지고 사회생활을 활발히 이어가는데 나는 내 모습에 소홀한 것 같아 위축될 수 있다. 직장에서 똑같은 과제를 수행해도 능숙하게 일을 빨리 끝내는 동료를 보면 '나는 왜 저렇게 일처리를 하지 못할까?' 하며 스스로 다그치기도 한다. 현재 내 월급에 만족하고 있었는데도 수입이 훨씬 많은 사람의 이야기를 들으면 조바심이 나는 법이다.

남들은 성공한 인생을 사는 것 같은데 나만 항상 제자리걸음을 하는 것처럼 느껴질 때도 있다. 하지만 앞서 언급했듯이 소셜 미디어 속 세상은 현실의 축소판이 아니라는 것을 기억해야 한다. 그들의 완벽해 보이는 모습 뒤에는 보이지 않는 노력과 희생, 그리고 각자의 어려움이 분명히 존재한다. 그들이 보여주는 '좋아요'를 위한 특별한 순간들이 그들의 삶의 전부가 아니라는 것을 명심할 필요가 있다.

남이 성공하고 내가 제자리라고 느껴질 때 가장 중요한 것은 '어제의 나'보다 '오늘의 나'가 얼마나 성장했는가에 집중하는 일이다. 나만의 기준을 세우고 작은 성공을 스스로 인정해 주면, 타인과의 비교에서 오는 조바심을 줄일 수 있다. 하지만 그저 이상적인 말처럼 들릴 수 있다. 그래서 우리가 나답게 살기 위해서는 노력이 필요한 것이다. 무언가 공부를 시작해야지만 나를 알아가게 되고, 나를 알아가면서 나만이 실천할 수 있는 그 값진 무언가를 발견해 낼 수 있기 때문이다.

어제의 나보다 오늘의 내가 얼마나 성장했는지 스스로 알지 못한다면 아직 공부가 더 필요한 단계라고 볼 수 있다. 나답게 살고 싶지만, 방법을 모를 때는 일단 책을 읽자. 책을 읽는 행위는 쉽다. 이만 원 정도만 있으면, 밖을 나갈 필요도 없이 자신이 읽고 싶은 책을 온라인으로 주문하면 된다. 책이 배송되면 하루에 한 페이지씩 꾸준하게 읽다 보면, 나답게 사는 해답을 자연스럽게 얻을 수 있다.

아이들 또한 또래와의 비교에 노출되기 쉽다. 이때 부모는 아이가 타인과 비교하기보다 자신의 성장 과정에 집중하도록 돕는 역할을 해야 한다. 상담실에서 만난 한 학생은 "매일 학교에 나오는 친구들은 정말 대단해요."라고 말한 적이 있다. 학교에 매일 나오는 것이 쉬운 친구가 있는가 하면, 정말 어렵게 용기를 내 출석하는 친구도 분명히 있다.

이때 나는 그 학생에게 이렇게 이야기해 주었다. "매일 잘 나오는 친구들과 비교할 필요는 없어요. 대신, 자신만의 기준을 세워보세요. 저번 주와 비교해 이번 주에는 등교 횟수가 늘었는지, 지각이나 조퇴가 줄었는지, 혹은 힘들었지만, 용기를 내어 학교에 나온 날이 얼마나 되는지. 중요한 것은 다른 사람이 아닌 바로 나 자신에게 기준이 있다는 사실이에요" 이렇게 하면 다른 친구들과 비교하는 마음이 줄고 자신이 얼마나 노력하고 있는지 객관적으로 알 수 있게 된다. 중요한 것은 자신의 상황에서 할 수 있는 최선을 다하고 그 노력의 과정을 스스로 인정하는 것이다.

아이가 시험 성적표를 들고 왔을 때 점수만 보고 다그치기보다, "틀린 문제 중에 어려웠던 문제는 없었니? 그 어려운 문제를 풀려고 시도한 것만으로도 대단한 거야."라고 말해주자. 결과가 좋지 않더라도 문제에 도전하고 해결하려 노력한 과정 자체를 높이 평가해 주는 것이다.

엄마로서 자신의 개별성도 존중하는 일도 중요하다. 많은 것을 잘 해내려는 엄마가 되기보다 나만의 속도와 방식으로 육아하는 자신을 인정하고 격려하는 것이 핵심이다. 모든 엄마는 각자의 상황과 역량에 맞춰 최선을 다하고 있다. 지금 내가 아이와 함께 보내는 소소한 일상의 행복에 집중하고 나 자신에게 너그러워지는 여유를 갖는 것이 필요하다.

진정한 행복은 타인의 시선이나 기준 안에 있는 것이 아니다. 그것은 바로 나 자신과 내 가족의 가치관 안에 존재한다. 당신은 당신의 아이에게 세상에서 가장 특별한 존재라는 사실을 기억해야 한다. 비교의 늪에서 벗어나 당신이 선택한 삶의 방식을 믿고 당신만의 행복을 당당히 찾아가길 바란다.

7 긍정적 사고를 뼛속까지 체화하는 법

엄마라면 자녀나 배우자에게 늘 긍정적인 모습을 보이고 싶기 마련이다. 현명하고 차분하며 지혜로운 엄마, 그것이 모든 엄마가 바라는 이상적인 모습일 수 있다. 하지만 현실은 머릿속 이상과 전혀 다르다. 긍정적 사고가 중요하다는 사실을 누구나 알지만, 감정이 순식간에 치솟을 때 억지로 생각을 바꿔보려 해도 쉽지 않다.

이런 감정 기복은 단지 육아나 가정 문제에서만 생기는 게 아니다. 직장에서 상사의 사소한 지적 한마디에도, 예상치 않았던 부정적인 상황에서도 마음이 쉽게 흔들릴 때가 있다. 애써 마음을 다잡아도 오래가지 않고 다시 부정적인 감정에 휩싸이기 마련이다.

나 또한 긍정적인 감정을 일정하게 유지하기 어렵다고 느낄 때가 많았다. 그런데 어느 날 남편이 내게 "당신은 긍정적인 사람 같아."라고 말했다. 순간 의아했다. 스스로 긍정적인 사람이라 생각해 본 적이 없었기 때문이다. 남편은 내가 후천적인 노력으로 긍정적인 생각을 습관화한 것 같다고 덧붙였다. 남편의 말을 들은 이후, 동료와 친구들에게서 같은 이야기를 반복해서 듣게 되었다. 이 반복된 피드백을 통해 비로소 나의 긍정적인 사고방식에 관심을 두게 되었다.

내가 긍정적인 사람이라는 말을 들을 때를 떠올리면, 대개는 부정적인 상황을 다양한 관점으로 해석했을 때였다. 예를 들어 한 학생이 "선생님, 저 한 시간 동안 한 문제밖에 못 풀었어요."라고 말한 상황이 있었다. 이 말만 들으면 비효율적인 상황으로 보일 수 있다. 하지만 나는 "한 시간 동안 한 문제를 풀었으면 문제와 관련된 많은 이론을 배웠겠네요."라고 되받아쳤다. 학생들은 서로 눈을 마주치며 "오, 긍정적인 해석!"이라고 외치며 웃었다."

또 다른 일은 우리 아이가 또래보다 조금 늦게 한글을 깨쳐 담임교사와 면담할 때의 일이다. 보통의 부모라면 걱정부터 앞설 법한 상황이지만, 나는 담임선생님께 이렇게 말했다. "아이가 늦게 배우기 시작했지만, 지금이 가장 좋은 시기인 것 같아요. 아이도 의욕이 있어서 아이와 함께 열심히 해보려고요." 내 말을 들은 담임선생님은 눈을 크게 뜨시며 고개를 끄덕이셨다.

대부분 부모가 조바심을 내며 불안을 표현하기 마련인데 나는 오히려 지금 상황에서 열심히 하면 충분하고 아직 시기가 늦지 않아 다행이라고 말했기 때문일 것이다. 그 이후 아이의 한글 실력은 눈에 띄게 성장했다. 선생님께서도 "이렇게 한글 실력이 빨리 좋아지는 아이는 처음 봐요."라며 감탄하셨다.

직장에서도 비슷한 경험을 했다. 상사에게 단순한 날짜 기재 실수로 지적받았을 때였다. 처음에는 업무 사기가 떨어지는 듯했다. 하지만 나의 잘못을 인정하고 상사가 나의 실수를 바로잡아 주려고 한 것이라고 마음을 바꾸어 먹자, 상사의 표정까지 달라진 것처럼 느껴졌다. 아마 상사의 태도와 표정은 그대로였겠지만, 내 마음이 긍정적으로 바뀌니 상사의 모습도 다르게 보였을 것이다.

이처럼 부정적으로 생각할 수 있는 상황에서 다양한 긍정적인 면을 발견할 때 사람들이 나에게 긍정적이라는 말을 한다는 것을 알 수 있었다. 힘든 일이 생겼을 때 '왜 하필 나에게 이런 일이 일어난 걸까?'가 아니라, '이 상황이 내게 알려주려고 한 것은 무엇일까?'를 되뇌는 것이 습관이 된 것이다.

문제는 언제든지 생기지만 문제를 어떻게 바라보고 해석하느냐는 온전히 자신의 몫이다. 그래서 나는 좋지 않은 상황이 생겼을 때도 거기에는 반드시 내가 배울 만한 가치가 숨어 있다고 믿는다.

우리는 흔히 자신이 보고 싶은 것만 보고, 믿는 대로 현실을 해석하곤 한다. 부정적인 감정에 빠져 있을 때는 모든 상황이 부정적으로 보이지만, 관점을 바꾸려 노력하면 삶의 긍정적인 면들이 하나둘씩 눈에 들어오기 시작한다. 이는 긍정적인 면에 선택적으로 주의를 기울이는 연습의 결과라고 할 수 있다.

회복 탄력성은 어려운 상황을 겪었을 때 다시 일어설 수 있는 마음의 근력을 의미한다. 내가 좌절 속에서도 희망을 찾고, 긍정을 택했던 경험은 바로 이런 회복 탄력성을 키우는 과정과 같았다. 힘든 상황을 겪더라도 꺾이지 않고 다시 일어서는 힘이 바로 여기에 있다.

나도 과거에는 부부싸움이 끝나면 배우자의 잘못만을 생각하며 억울함을 느꼈다. 남편의 행동이 도저히 상식적으로 이해가 되지 않았다. 그러나 이제는 부부싸움 후 반드시 하나라도 지혜를 얻고자 노력한다. 서로에게 부정적인 감정만 남긴 채 싸움을 마무리하는 것이 소모적이라 느꼈기 때문이다. 다툼이 있고 나서 남편이 화가 난 근본적인 이유를 생각해 보았다. 이러한 과정을 거치면 다음번에 유사한 상황이 발생했을 때 다른 방식으로 대처하여 관계가 긍정적인 방향으로 흐르고 문제 해결도 자연스럽게 되었다.

또한 엄마들을 상담하면서 아이의 아픔을 회피하려는 엄마보다 아픔을 인정하고 해결하려는 엄마를 둔 아이가 더 긍정적으로 빨리 변하는 것을 목격한다. 결국 문제 해결을 위해서는 긍정적인 마음이 필수적이라는 의미다. 특히 엄마가 긍정적으로 변하면 자녀와 남편의 발견되지 않은 장점들을 최대치로 끌어올릴 수 있다.

긍정적인 마음을 위해 또 한 가지 마음에 새기면 좋은 문장이 있다. 바로 '그럴 수도 있지'라는 마음이다. 급하게 차선 변경하며 가던 자동차가 빨간 신호 앞에서 내 자동차와 함께 멈춰 선다. 이때 '저렇게 똑같이 멈출 거면서 왜 이렇게 급하게 가나?'라고 생각하기보다, '급한 일이 있나 보지'라고 생각하는 것이다. 실제로 많이 다친 자녀가 차에 타고 있을지도 모른다. 모든 일은 내 마음대로 일어나지 않는다. '그럴 수도 있지'라는 마음은 판단을 없애주는 듯하다. 내 마음이 넓어지면 행복과 평화도 함께 넓어진다.

긍정적인 사고를 뼛속까지 체화하는 것은 단순히 '생각을 긍정적으로 한다.'라는 피상적인 노력을 넘어선다. 오히려 부정적인 감정을 현명하게 관리하고, 삶의 에너지를 긍정적인 방향으로 전환하려고 실천하는 과정이다.

이는 스트레스에 대한 저항력을 높이고, 문제 해결 능력을 향상하며, 궁극적으로 자신과 가족의 삶의 질을 높이는 강력한 힘을 지닌다. '그럴 수도 있지'라는 너그러운 마음으로 판단을 내려놓고, 현재의 순간을 온전히 느끼고 즐기는 연습을 통해 우리는 긍정적인 사고를 습관화하는 것이다. 지금부터라도 이 작은 실천들을 시작해 보라.

결국 긍정적인 사고란, 좋은 일이 생겼을 때 기뻐하는 마음이 아니다. 좋지 않은 상황 속에서도 배울 점을 찾는 연습이다. 부정적인 감정이 올라오는 것은 자연스러운 일이지만 감정에 휩쓸리지 않고 해석의 방향을 바꾸는 힘, 그것이 진짜 긍정이다.

처음부터 긍정적인 사람은 존재하지 않는다. 반복해서 바라보는 시선, 되뇌는 말, 선택하는 해석들이 우리 마음의 습관을 만든다. 작은 사건 하나에도 "이건 나에게 어떤 의미일까?"라고 묻는 습관은, 어느새 삶을 대하는 태도 전체를 바꿔놓는다.

긍정적인 사고는 거창한 결심에서 시작되지 않는다. 평소의 생각 습관에서 벗어나 사고를 넓히고, 긍정적인 해석을 찾을 때 시작된다.

그런 사소한 습관들이 당신에게 스며들기를 바란다. 오늘도 내 안의 따뜻한 시선을 선택하며 살아가기를, 그 선택이 순간의 방향을 바꾸고, 하루의 기분을 바꾸고, 그렇게 서서히 당신의 삶을 바꿔놓을 것이다.

8 감정의 온도 차이를 줄여라

최근 사회는 감정을 더 크고 생생하게 표현하는 방식에 점차 익숙해지고 있다. 밝고 활기찬 태도는 자신감이나 긍정적인 인상으로 쉽게 받아들여지고, '레전드', '미쳤다'와 같은 다소 자극적인 표현도 일상 대화에서 흔히 쓰인다. 반면, 담담하고 조용한 반응은 감정이 없는 듯 보이거나 상대방에게 거리감을 주는 인상으로 비칠 수 있다.

짧고 강렬한 메시지가 빠르게 소비되는 미디어 환경 속에서 사람들은 자신의 감정을 더욱 확실하고 명확하게 전달하려고 한다. 콘텐츠는 점차 자극적으로 구성되고 우리의 감정 표현 역시 과장된 방향으로 흐르기 쉽다.

나 역시 기분이 좋을 때는 그 감정을 더욱 크게 표현하려 노력했다. 긍정적인 감정은 얼마든지 크게 표출해도 좋다고 믿었기 때문이다. 퇴근 후 집에 돌아와 아이가 나를 반길 때, 나는 마치 세상에서 가장 기쁜 일을 만난 것처럼 과장되게 반응했다. 물론 아이가 반겨주는 모습은 늘 사랑스럽고 기뻤지만, 그런 과잉 반응을 반복하다 보니 어느 순간 감정을 일부러 끌어올리는 것 같은 부자연스러움을 느끼게 되었다. 꼭 크게 표현해야 진정한 기쁨이 전달되는 것은 아니라는 것을 깨달은 것이다.

감정은 오르막이 있으면 내리막이 있기 마련이다. 큰 기쁨을 강하게 표현한 만큼, 곧 감정이 내려가는 것을 느꼈다. 그렇게 감정의 진폭이 커질수록 평균적인 평온한 마음 상태로 되돌리기 위한 심리적 소모 역시 커졌다. 이는 마치 과식을 했을 때 순간적인 만족감은 크지만, 곧 소화불량으로 불편함을 겪는 것과 같은 이치이다. 이러한 감정 진폭의 증가는 개인의 심리적 소모를 넘어 관계의 문제로 직결되는 현상을 초래한다.

실제로 학생들을 상담하다 보면 감정 기복이 심한 학생들이 관계에서 어려움을 겪는 모습을 자주 목격한다. 어떤 학생은 교사의 사소한 말 한마디에도 억울함이 크게 치밀어 오르고, 친구가 장난으로 아이스크림을 한입 빼앗아 먹었을 때도 분노를 참지 못하고 험한 말을 내뱉는다. 그런 모습을 본 친구들은 당연히 당황할 수밖에 없다.

이처럼 감정이 자주 요동치면 본인 스스로가 힘든 것은 물론, 주변 사람과의 관계에도 지속적인 긴장이 쌓이게 마련이다. 감정 격차가 클수록 관계에서 오해가 쌓이기 쉽고, 상대방 역시 당신의 반응을 예측하기 어려워지기 때문이다. 결국 '나는 왜 자주 친구들과 갈등이 생기지?'라는 식의 부정적인 자기 인식이 형성될 수 있다.

감정의 진폭은 엄마에게도 쉽게 나타나는 양상이다. 자녀의 행동 하나하나에 감정적으로 크게 반응하는 때도 있다. 예를 들어 아이가

"나 회장 됐어!"라고 자랑스럽게 말했을 때 "엄마도 너무 기뻐! 최고야!"라고 감정을 표현하거나, 아이가 집에서 휴대전화만 보고 있을 때 날카롭게 "온종일 휴대전화만 하고 있을 거니?!"하고 말하는 식이다. 이 경우, 아이는 자신의 행동보다 엄마의 격앙된 감정 상태에 먼저 반응하게 된다.

그렇다고 해서 감정을 무조건 억누르라는 뜻은 아니다. 기쁜 일에는 따뜻하게 축하를 건네고, 잘못한 일에는 단호하지만 차분하게 상황을 이야기해주는 것만으로 충분하다. 감정이 크게 오를 때는 의식적으로 한 박자 늦춰서 표현하고, 감정이 가라앉을 때는 부정적인 감정에 오래 머물지 않도록 스스로 중심을 잡아보는 것이 중요하다. 그렇게 자신의 감정을 의식적으로 관찰하고 표현 방식을 조절해 보는 것만으로 예전과는 달라진 자신의 말투와 태도를 발견할 수 있을 것이다.

감정의 온도를 '0도'로 유지한다는 것은 감정을 완전히 제거하거나 무감각해지는 것을 의미하지 않는다. 이는 마치 격렬한 파도가 일렁이는 바다가 아닌, 잔잔한 수면처럼 평온하고 안정된 상태를 지향하는 것이다.

이러한 감정 평온을 유지하는 능력은 우리 삶 전반에 걸쳐 긍정적인 영향을 미친다. 스스로 감정을 통제할 수 있다는 인식을 통해 심리적 안정감이 높아지고, 삶의 중심을 단단히 잡고 살아갈 수 있는 기반이 된다. 감정을 일정하게 유지함으로써 불필요한 에너지 낭비를 줄이고, 그 에너지를 생산적인 활동이나 자기 계발에 효과적으로 활용할 수 있게 된다.

우리 뇌의 작동 방식을 살펴보면 그 이유가 명확하다. 감정 기복이 심할수록 위협을 감지하고 경보를 울리는 편도체가 과도하게 활성화된다. 이는 작은 자극에도 쉽게 '경보'를 울리게 만들어 불필요한 스트레스 호르몬 분비와 신체 각성을 지속시키며 에너지를 낭비하게 한다.

반대로 감정이 안정되면, 이성적인 판단과 조절을 담당하는 전두엽의 기능이 더욱 활발해진다. 전두엽이 잘 작동하면 감정을 과하게 반응하게 하는 편도체를 차분하게 제어하여 작은 일에도 쉽게 흥분하거나 스트레스를 받지 않고 평온한 상태를 유지할 수 있다. 결국 뇌가 스트레스를 처리하고 관리하는 방식 자체가 더 효율적으로 변화하는 것이다.

신체의 반응 역시 마찬가지이다. 스트레스 상황에서 우리 몸은 에너지를 급격히 동원해 '투쟁, 도피' 반응을 준비한다. 감정 기복이 심한 사람은 이 격렬한 반응에서 벗어나 몸을 진정시키는 데 시간이 오래 걸려 만성 피로와 다양한 신체 증상으로 이어지기 쉽다. 그러나 감정이 안정된 사람은 스트레스를 경험한 뒤에도 부교감신경계와 같은 진정 시스템이 빠르게 작동하여 마음을 차분하게 하고 소모된 에너지를 즉각적으로 보충한다. 즉, 스트레스 상황을 겪더라도 몸과 마음이 빠르게 원상 복구됨으로써 다음 활동을 위한 에너지를 신속하게 재충전할 수 있다.

감정의 변화가 줄어들고 평온한 상태가 지속되면, 처음에는 다소 어색하거나 낯선 감정을 느낄 수도 있다. 나 역시 긍정적인 감정에 대한 과도한 반응을 낮추려 했을 때, '삶에서 재미가 없어지면 어떡하나?', '혹시 기분이 더 가라앉는 것은 아닌가?' 하는 불안감을 가졌던 적이 있다. 심지어 아무런 감정이나 생각 없이 평온할 때, '이 기분은 과연 무엇일까?' 하며 그때의 감정을 굳이 정의하려고 노력하기도 했다. 마치 내 감정이 무채색으로 변해버린 것만 같은 느낌 때문이었다.

하지만 어느 정도의 시기가 지나자, 외부 환경의 자극에 쉽게 반응하지 않고 나의 내면에 집중하는 힘이 생기는 것을 체감했다. 타인에게 과장된 칭찬이나 반응에 사용했던 에너지가 절약되면서 그 에너지가 나를 돌보고 나의 계획에 초점을 맞추는 데 활용되는 것을 느꼈다. 그렇다고 타인에 대해 무관심해진 것은 아니다. 오히려 타인이 격앙된 감정 상태에 있을 때, 예전보다 타인의 숨겨진 욕구와 감정에 대해 더 잘 이해할 수 있게 되었다. 표면적인 공감 대신 진정성 있는 이해와 지지를 제공할 수 있게 된 것이다.

때로는 우리가 감정을 과장되게 표현하는 것이 사회적인 기대 때문인 경우도 있다. 특히 한국 사회는 정을 중요하게 여기며 긍정적인 감정을 드러내는 것이 사회성이 높고 관계에 적극적인 것으로 보는 경향이 있다. 기쁜 일에 크게 기뻐해 주고, 슬픈 일에 진심으로 함께 슬퍼해 주는 것이 좋은 관계의 증표처럼 여겨지기도 한다. 이러한 사회적 분위기 속에서 때로는 내면의 감정 상태와 일치하지 않는 부자연스러운 감정 표현을 하게 되는 상황도 발생한다.

이러한 과장된 표현은 결국 자신을 불필요하게 소모하고 내면의 감정과 외부 표현 사이의 괴리를 만들어 심리적 피로감을 높일 수 있다. 진정한 공감과 지지는 과장된 표현에서 나오지 않는다. 이는 안정된 감정 상태, 즉 평온함에서 비롯될 때 더 큰 힘을 발휘한다. 이 사실을 깨닫는다면, 불필요한 감정 소모를 줄이는 지혜를 얻게 될 것이다.

난처한 상황에서도 감정에 쉽게 휘둘리지 않고 침착하게 대응하는 능력이 향상되면, 스스로에 대한 믿음이 강해진다. 같은 일을 처리해도 에너지가 덜 들고 시간도 단축되어 효율적으로 일할 수 있었다.

나는 대학생 시절, 세계적으로 유명한 사람들이 당황스러운 상황에서도 여유로움을 잊지 않는 태도를 닮고 싶었다. 가령 큰 무대에서 연설 중 객석의 무례한 행동에 당황하지 않고 침착하게 대처하는 모습들을 보면서 '어떻게 저런 표정을 유지할 수 있을까?' 하고 생각했다. 그들이 그럴 수 있었던 이유는 자신의 감정 관리가 잘 되어 상황에 침착하게 대응하는 습관이 있었기 때문이다.

우리도 이러한 능력을 노력하고 실천할 수 있다. 기분 좋았던 순간의 감정을 생생하게 기억하고, 힘들 때 그 감정을 꺼내어 사용하는 연습을 해보라. 아이가 가장 사랑스러웠던 순간, 휴가지에서 느꼈던 편안함, 예상치 못하게 칭찬받아 뿌듯했던 경험 등 긍정적인 감정을 사진을 찍어 머릿속에 저장해두는 것이다. 그리고 힘든 순간이 오면 그 사진을 떠올리며 당시의 감정을 다시 느껴보는 것이 좋다.

또한, 거울을 보고 입꼬리만 살짝 올려 미소를 짓는 연습도 효과적이다. 이는 안면 피드백 가설에 따라 뇌가 그 표정을 행복으로 인식하게 하여 세로토닌 같은 긍정적인 신경전달물질을 분비하기 때문이다. 작은 표정 변화가 실제 감정 상태에 긍정적인 영향을 미치는 것이다.

감정의 온도 차이를 줄여 평온함을 유지하는 과정에서 처음에는 다소 심심한 것 같은 낯선 느낌을 가질 수 있다. 하지만 감정이 일정하게 유지될수록 내면의 단단함이 피어나며, 그 단단함은 당신에게 진정한 심리적 여유를 가져다줄 것이다.

이러한 평온함은 가족과의 관계에도 영향을 미친다. 감정적 소모에서 벗어나 가족이 진정으로 원하는 것이 무엇인지 객관적으로 파악하는 시선을 갖게 된다. 예전에는 큰 문제였던 상황들도 이제는 별다른 마찰 없이 자연스럽게 넘어갈 수 있게 되며, 가족 관계 속 많은 갈등 요인이 소리 없이 사라지게 된다. 이러한 내면의 단단함이 많은 상황을 여유로 변화시키는 경험을 꼭 해보기를 바란다.

내가 원하는 정체성으로
감정을 디자인하는 방법

감정의 재정의

'엄마다움' 말고
'나다움'을 선택하라

세상의 모든 엄마는 각자의 빛깔을 지닌다. 저마다 다른 성격, 재능, 취향을 가졌지만 엄마라는 이름표를 달게 되는 순간부터 획일화된 좋은 엄마가 되려고 애쓰게 된다. 다정하고 헌신적이며 늘 차분하고 희생하는, 바로 그런 이상적인 이미지에 자신을 맞추려 한다.

하지만 세상에 똑같은 사람이 없듯, 모든 엄마와 아이의 성향은 다양하다. 어떤 기준으로도 좋은 엄마를 정의하기란 불가능에 가깝다. 클래식을 즐기는 엄마는 엄마다운 엄마이고, 힙합을 좋아하는 엄마는 엄마답지 못한 것이 되는 걸까? 엄마 역시 한 개인일 뿐이다.

그러나 현실적으로 엄마가 되는 순간, 자기 자신을 잃어버리기 쉽다. 나만의 시간을 갖고 외모를 가꿀 시간조차 턱없이 부족해진다. 게다가 여성이 아이를 낳으면 한 개인으로 보기보다 누구의 엄마로 한정 짓는 사회적 경향이 남아 있다. 그러나 중요한 것은 바로 자신을 잃지 않는 육아이다. 엄마다움이라는 사회적 틀에서 벗어나 본래의 나를 실천할 때, 우리는 비로소 더 행복하고 건강한 엄마이자 개인이 된다.

여성에게는 모성애, 헌신, 희생과 같은 특성이 자연스럽게 요구된다. 그러나 심리학자 머서는 모성이 타고나는 것이 아니라 여성이 자신과 아이의 관계 속에서 새로운 정체성을 만들어가는 과정임을 강조한다. 엄마가 되어가는 과정은 한 번에 완성되는 것이 아니라 개인으로서의 나와 엄마로의 역할이 조화를 이루는 성장의 여정이다.

머서에 따르면 이 과정은 네 단계로 이루어진다.

첫 번째는 임신 중의 예상기이다. 이 시기에는 나는 어떤 엄마가 되고 싶을까? 라는 질문을 통해 자신만의 양육관을 세워간다. 본래의 내가 새로운 역할과의 연결을 모색하기 시작하는 때다.

두 번째는 출산 직후부터 약 4~6개월까지 이어지는 형성기이다. 주변의 조언에 따라 엄마다운 행동을 학습하고 수행한다. 그러나 이 과정에서 좋은 엄마라는 외부 기준과 나답게 살고 싶은 욕구 사이의 충돌이 나타난다. 머서는 이 시기를 가장 혼란스럽지만 꼭 필요한 정체성 재구성의 시기라고 보았다.

세 번째는 출산 후 약 6개월 이후부터 시작되는 비공식기다. 외부의 기준보다 자신의 직관과 아이와의 실제 경험을 중심으로 양육하기 시작한다. 이게 우리에게 적합하다는 확신이 생기며 타인의 시선보다 자신과 아이의 관계에 집중하게 된다. 이는 단순히 행동의 변화가 아니라 자기 신뢰가 회복되는 시기다.

마지막으로 개인화기는 엄마 역할이 나의 삶에 자연스럽게 녹아드는 시점이다. 자신의 개성과 감정을 억누르지 않고 오히려 그것을 아이와의 관계 속에서 자연스럽게 드러낸다. 엄마로서의 나와 개인으로서의 내가 하나로 통합되는 것이다. 이것이 바로 머서가 말한 모성 정체성의 완성이다. 머서는 이 과정을 통해 여성이 단지 양육 기능을 수행하는 존재가 아니라 새로운 자아로 다시 태어나는 존재라고 보았다.

이러한 통합의 과정은 자기결정성 이론과 깊이 연결된다. 건강하게 살아가기 위해 자율성, 유능감, 관계성이라는 세 가지 욕구가 꼭 필요하다고 말한다.

자율성은 스스로 선택하고 결정한다고 느끼는 욕구이다. 엄마가 사회적 기준에 자신을 맞추느라 주도권을 잃을 때 본래의 내가 침묵한다. 스스로 육아 방식과 삶을 결정할 때 자율성이 회복되고, 침묵했던 내가 깨어난다.

유능감은 자신이 어떤 일을 잘 해낼 수 있다고 느끼는 욕구이다. 육아 외의 취미나 일에서 작은 성취를 경험하며 유능감을 충족시켜야 개인으로서의 존재감이 강화된다.

관계성은 타인과 연결되어 있고 지지 받는다고 느끼는 욕구이다. 엄마 역할에 매몰되지 않고 배우자나 친구 등과 진정성 있는 관계를 유지하며 정서적 지지를 받을 때 나다운 엄마로 살아갈 힘을 얻는다.

영화 〈툴리〉에서도 이런 모습이 생생하게 드러난다. 주인공 마를로는 세 아이의 엄마로, 좋은 엄마가 되기 위해 고군분투하지만, 점점 육아의 무게에 눌려 자신을 잃어간다. 결국 마를로가 회복의 길을 찾게 되는 순간은 역설적으로 완벽함을 내려놓고 자신을 있는 그대로 받아들일 때였다. 이는 진짜 나로서 살아가려는 용기에서 시작된다는 사실을 보여준다.

주변에 이런 엄마가 있었다. 아이에게 자연식 음식을 먹이며 TV 시청 시간을 철저하게 조율하고 교육에 깊은 관심을 쏟는 분이었다. 나는 그 엄마가 육아 정보를 많이 알고 참 부지런하다고 생각했지만, 아이 앞에서 감정 조절이 어려운 모습을 가끔 보이기도 했다. 엄마로서 아이를 향한 사랑과 최선을 다하고 싶은 마음은 있었으나, 자신의 감정은 돌보기 힘든 상황처럼 보였다.

그녀에게도 한때 피아노 연주에 대한 뜨거운 열망이 있었다. 그러나 엄마 역할에 충실하다 보니 그 꿈을 잊고 살았다. 그러다 우연한 기회에 다시 피아노를 배우면서, 그녀는 잊었던 자신의 꿈에 다시 생명을 불어넣는 경험을 했다. 그 과정을 통해 자신을 찾고 아이에게 더욱 부드럽게 대하는 모습을 발견할 수 있었다.

자신을 채워야 비로소 아이와 가족에게 긍정적인 에너지를 줄 수 있다. 양육할 때도 나답게 하는 것이 중요하며, 아이와 엄마의 성향에 맞춰 서로에게 편한 양육 방식을 찾아가야 한다. 엄마가 자신의 감정을 억압하고 엄마의 의무만 실천한다면, 결국 그 마음의 무게와 스트레스는 아이나 배우자에게 부정적인 형태로 표출될 수 있다.

자신을 위한 작은 행위는 나를 회복하는 중요한 실천이 된다. 이는 단순히 취미 활동에 머무르지 않고, 내가 삶의 주체로서 존재한다는 느낌을 되찾는 노력이다. 예를 들어 외모를 가꾸는 행위는 단순히 예뻐지기 위함이 아니다. 아이가 어렸을 때 머리 감고 말릴 시간도 없이 지내거나, 선크림 바르기처럼 가장 기본적인 자기관리를 놓쳤던 경험이 있을 것이다. 이는 개인으로서의 내가 엄마 역할에 가려져 보이지 않게 된 상태를 보여준다. 따라서 외모 관리는 나 자신을 소중히 여기며 돌봐야 한다는 의미를 담고 있다. 자신을 소중하게 대하는 방식을 회복할 때, 내면의 자아도 함께 회복된다.

육아가 버거워 힘들다면 전문가의 도움을 받는 것이 좋다. 심리 상담이나 육아 코치는 엄마가 자신의 감정을 이해하고 건강한 양육 방식을 찾아가는 데 큰 도움이 될 수 있다. 전문가에게 상담을 받아 보는 경험은 매우 중요한데, 혼자서는 볼 수 없는 것이 많기 때문이다. 방향성이 다른 채, 계속 노력만 한다면 엄마와 아이 모두 힘들어질 수 있다. 양육 역시 효율적으로 하는 것이 에너지를 아끼는 일임을 기억해야 한다.

자신의 존재를 잊고 살았던 엄마가 다시 잊었던 자신을 되찾는다면 어떨까? 엄마의 눈빛에 생기가 살아나고, 자연스러운 표정을 보며 아이는 엄마의 새로운 모습을 보게 될 것이다. 엄마가 스스로 삶을 가치 있게 여기고 돌보는 모습은 아이에게 자존감을 키워주는 건강한 역할 모델이 된다.

결국 엄마가 자신을 발견하고 사랑하는 일은 자신뿐 아니라 가족 구성원 각자의 개성을 지켜주고 사랑하는 일이 된다. 사회가 기대하는 엄마의 모습에서 벗어나 자신의 자율성과 유능감을 되찾고 정체성을 통합하는 일, 그것이 바로 엄마의 삶을 풍요롭게 만들고 가족에게 좋은 흐름을 가져오는 진정한 변화의 시작점이 된다.

2 내가 원하는 '나'를 먼저 설정하라

'나는 누구인가?' 이 질문은 어쩌면 평생을 따라다니는 숙제처럼 느껴질 때가 있다. 특히 엄마라는 이름으로 살아가는 우리는 끝없는 역할과 책임 속에서 때로는 진정한 나 자신을 잃어버리기도 한다. 아이의 빛나는 눈을 보며 행복을 느끼는 동시에, 문득 거울 속 변해버린 얼굴과 마주하며 '지금의 내가 정말 내가 원하는 나일까?'라는 질문을 던지게 된다.

내가 원하는 나를 설정하는 것은 곧 그렇게 될 가능성이 있다는 것을 믿는 행위와 같다. 당신이 진정으로 원하는 당신의 모습을 명확히 그려내고, 그 모습으로 향해가는 여정을 함께 시작해 보자.

누구나 인생이라는 항해를 시작한다. 하지만 나침반 없이 바다를 떠나는 배처럼 목표 없이 살면 바람 부는 대로 주변 환경에 이끌려 흘러갈 뿐이다. 엄마로 살아가든, 한 인간으로 성장하든, 우리에게 정말 필요한 것은 내 삶의 방향이다.

내가 원하는 나를 먼저 그려보는 일, 즉 삶의 나침반을 설정하는 일이 진정한 나다운 삶으로 가는 첫걸음이다. 외부의 기대나 사회적 규범에 따라 살기만 할 때는 자신만의 정체성을 잃기 쉽다. 반면 내 비전과 꿈을 중심에 두고 출발할 때, 비로소 흔들리지 않는 자신만의 인생을 만들어갈 수 있다.

심리학자 칼 로저스는 현실적 자신과 이상적 자기라는 두 자아를 설명한다. 현실적 자기는 지금의 내 모습, 이상적 자기는 내가 되고 싶고 바라는 나의 미래상이다. 누구나 이 둘 사이의 차이에서 갈등을 경험하지만 누구나 본능적으로 그 간격을 줄이고자 성장하려는 힘을 가지고 있다는 것이다. 이상적 자기를 설정하고 그에 가까워지는 삶을 살아갈 때 선택과 행동이 일관성을 띠기 시작한다. 이는 자기애를 높이고, 결국 내가 정말 원하는 인생을 이룰 수 있는 기반이 될 수 있다.

꿈이 있으면 내가 원하는 나를 설정하는 데 분명한 근거와 방향이 자연스럽게 만들어진다. 예를 들어 꽃과 식물을 가꾸는 것이 꿈인 사람은 자신의 하루를 화분을 보는 일로 시작하거나 퇴근 후 작은 정원을 돌보는 데 시간을 쓴다. 이때 이미 그 사람의 행동과 습관 말투까지도 자연스럽게 식물 애호가로 변해가는 길 위에 있는 셈이다. 식물과 관련된 서적을 읽거나, 커뮤니티에 참여하면서 식물을 주제로 대화를 시작하는 경우가 늘어난다. 여행 작가가 꿈인 사람도 마찬가지다. 여행 계획을 세우는 데 익숙해지고 매일 사진을 찍으며 평범한 골목도 특별한 시선으로 바라보게 되며 노트나 블로그에 여행기를 글로 남기면서 하루를 스스로 작가처럼 살아가게 된다.

이처럼 꿈은 직업에만 머무르지 않고 내가 사랑하고 도전하고 계속 궁금해하는 활동 그 자체가 될 수 있다. 누군가는 도자기 만들기가 꿈일 수 있고 그 상상만으로 하루가 힘차게 시작되며 점토를 만지는 순간 이미 도자기 작가의 손길을 닮아가게 된다는 사실을 느낀다. 뜨개질을 좋아하는 사람은 새로운 무늬를 연구하고 실을 고르는 데 애정을 쏟으며 결과적으로 만들어지는 작은 소품에 스스로 자부심을 느낀다. 이렇게 내가 바라고 원하는 좋은 자신을 실현하고 있는 것이다.

이 모든 과정에서 꿈은 내가 어떤 사람이어야 하는지를 자연스럽게 보여주는 이정표가 되고 앞으로 나아갈 방향을 계속 안내해준다. 따라서 꿈이 있는 사람은 꿈이 없을 때의 막막함이나 무기력함이 활기로 바뀌게 된다. 꿈은 목표 설정의 기준을 제시하고 각각의 작은 행동에도 의미를 더해준다. 꿈을 글로 구체화해보고 그 꿈에 따라 어떤 나를 그리고 싶은지 상상하면 실천의 동기도 분명해진다. 꿈이란 내가 만들어가는 자아의 밑그림이자 일상의 반짝이는 이유이기 때문이다.

실제 경험으로 나 역시 하고 싶은 일, 꿈이 명확해지자 '내가 원하는 나'에 다가가는 일이 훨씬 쉽고 자연스러워졌다. 꿈이 단순히 마음속에 머무는 것이 아니라 일상에 스며들고 행동과 선택이 바뀌면서 어느 순간 내가 진짜 원하는 나로 조금씩 변화하고 있음을 체감할 수 있었다.

아직 꿈이나 목표가 구체적으로 잡히지 않을 때는, '내가 되고 싶은 사람'을 정하는 것도 좋은 방법이 된다. 꼭 거창한 인물이 아니어도 괜찮다. 내가 닮고 싶은 그 사람의 태도, 선택 기준, 혹은 말 한마디를 떠올리는 것만으로도 매일의 작은 선택들에 변화를 만들 수 있다. 힘든 일이 생겼을 때 그 사람이었다면 어떻게 행동했을지, 어떤 결정을 내렸을지 상상해 보고, 그 방식대로 한 번 실천해 보는 것이다.

습관이란 아주 작은 시도에서 시작된다. 작은 시작이 쌓이면 내가 그려본 이상적 자기가 어느덧 일상 속 현실로 들어온다. 꿈은 특별한 사람들이 거창하게 이루는 무언가가 아니다. 지금 나의 평범한 하루하루에서 구체적으로 그려지고 실천될 수 있다.

김미경 강사는 "꿈을 꾸는 일은 내일의 내가 오늘의 나를 설득하는 과정"이라고 말한다. 매일 '내가 원하는 나'를 떠올리고, 그 모습이 행동에 자연스럽게 스며드는 습관을 만들어가는 것이 진정한 성장이라는 뜻이다.

사람들의 삶이 TV 프로그램, 자기계발서, 상담사례를 통해 증명되듯, 꿈과 롤모델 설정, 그리고 구체적인 실천의 지속은 자기다운 인생을 살아가는 가장 확실한 방법임이 입증되고 있다. 내가 원하는 나를 먼저 그리면, 삶의 수많은 갈림길에서 흔들리지 않고 중심을 잡을 수 있다.

소소한 취미, 내가 소중히 여기는 가치, 일상 속 작은 목표들 또한 내 꿈이자 나다움의 근원이 될 수 있다. 꿈을 갖고, 닮고 싶은 사람을 떠올리며 오늘 할 수 있는 작은 실천을 반복하는 것, 그것이 곧 '내가 원하는 나'를 살아가는 구체적 실천의 시작이다.

내 인생의 나침반은 언제든 내가 직접 쥘 수 있다. 당신도 오늘부터 새로운 시작을 할 수 있다. '내가 원하는 나'를 설정하고 행동하는 순간, 예상치 못했던 새로운 기회를 만나게 될 것이다. 스스로 믿고 도전하는 과정에서 당신 안에 잠재되어 있던 능력과 재능을 발견하게 된다.

이 과정은 단 한 번의 이벤트가 아니라 평생에 걸친 아름다운 여정이다. 당신은 끊임없이 배우고 성장하며, 삶의 매 순간을 의미 있게 만들어갈 수 있다. 이 변화는 주변 사람들에게 긍정적인 에너지를 전달하고 당신의 평범한 이야기가 다른 사람들에게 희망이 될 수도 있다. 우리는 우리 안에 잠들어 있던 가능성을 깨우고, 우리가 진정으로 꿈꿨던 모습을 명확하게 이끌어 낼 수 있다.

이제 당신만의 군건한 목표와 방향으로 당신의 삶을 주도적으로 이끌어가는 멋진 디자이너가 되어보자. 삶은 그 누구의 것도 아닌, 바로 당신이 직접 디자인하는 특별한 작품이다. 망설이지 말고, 당신이 원하는 '나'를 향한 여정을 시작해 보자. 당신의 나다움이 아름답게 빛나고 있다.

미래를 상상하여 그때 느끼는 감정을 미리 느껴라

"아이가 잘 컸으면 좋겠어요." 많은 엄마가 이렇게 말한다. 하지만 '잘 컸다'라는 말은 무엇을 의미하는가? 그리고 그 순간이 왔을 때, 당신은 어떤 감정을 느끼게 될까? 이 질문에 구체적으로 답할 수 있는 엄마는 많지 않다.

우리는 목표를 세울 때 주로 무엇을 이룰 것인지에만 집중한다. "아이가 명문대에 가면 좋겠어.", "나도 다시 일을 시작하면 좋겠어.", "가족이 행복하면 좋겠어.". 하지만 정작 중요한 것은 그 목표가 달성되었을 때 어떤 감정을 느낄 것인가이다.

목표는 방향을 제시하지만, 감정은 행동을 만든다. 막연한 바람과 구체적인 감정 경험을 느끼고 온몸으로 체험하는 것은 전혀 다른 차원의 경험이다. 전자는 우리를 수동적인 관찰자로 만들지만 후자는 우리를 능동적인 창조자로 변화시킨다.

진정으로 원하는 목표가 있다면 단순히 머리로 그리는 것을 넘어 미래가 현실이 되었을 때 느끼게 될 감정을 지금 느껴보는 것이 성취의 핵심이다. 이때 중요한 것은 단순히 장면을 상상하는 것이 아니라, 그 감정의 진동을 온몸으로 실제처럼 느끼는 것이다.

감정 시뮬레이션은 우리의 잠재력을 끌어내고 목표 달성을 앞당기는 강력한 자기 계발 기법이다. 이는 단순한 긍정적 사고나 희망하는 관측이 아니며 뇌 과학과 심리학 연구로 검증된, 실제로 우리 뇌와 몸을 변화시키는 구체적인 방법이다.

하지만 많은 엄마가 미래를 막연하게 꿈꿀 뿐, 그 안에서 어떤 감정의 진동을 느낄지 구체적으로 상상하기 어려워한다. 왜 미래의 감정을 미리 느끼는 것이 중요한지, 그리고 어떻게 실천할 수 있는지를 과학적 근거와 함께 살펴보자.

뇌는 현실과 상상을 명확하게 구분하지 못한다. 미래의 특정 상황을 생생하게 상상할 때, 우리 뇌는 실제로 그 상황을 경험하는 것과 거의 유사한 방식으로 반응한다. 심리학에서는 이를 시뮬레이션 이론의 관점에서 설명한다.

시뮬레이션 이론에 따르면, 우리가 어떤 감정을 상상하면 뇌의 해당 감정 영역이 활성화되고 신체는 그 감정에 상응하는 생리적 반응을 보인다.

예를 들면 아이가 건강하게 성장한 미래를 상상하며 기쁨과 감사함을 느낄 때, 뇌에서는 도파민이나 세로토닌과 같은 행복 호르몬이 분비된다. 이는 실제 긍정적인 경험을 할 때와 동일한 효과를 낸다. 이 호르몬들은 우리의 동기 부여와 집중력을 직접적으로 높이는 역할을 한다.

더 놀라운 사실은 신경과학 연구 결과다. 하버드 의과대학 연구팀은 피아노를 실제로 연습한 그룹과 머릿속으로만 연습한 그룹을 비교했다. 놀랍게도 두 그룹 모두 뇌의 운동 피질이 비슷하게 확장되었다. 생생한 상상만으로도 실제 경험과 유사한 변화가 일어난다는 의미다.

올림픽 메달리스트들은 이 원리를 가장 잘 활용한다. 경기 전 완벽한 성공의 순간을 반복적으로 시뮬레이션하며 성취감과 짜릿함을 미리 구체화한다. 한 연구에서는 농구 자유투를 실제로 연습한 그룹과 상상으로만 연습한 그룹의 성적 향상도가 24%와 23%로 거의 동일했다. 육아에도 동일한 원리를 적용할 수 있다. 아이가 의젓하게 성장했을 때의 뿌듯함과 감격을 미리 체화하는 것이다. 이러한 심상 훈련은 불안감을 줄이고, 결정적인 순간의 대응 능력을 향상시킨다.

미래의 긍정적인 감정을 반복적으로 느끼는 과정을 통해 잠재의식은 그 감정을 현실로 만드는 데 필요한 자원과 기회를 인식하고 끌어당기기 시작한다. 이는 곧 창의력 확장과 문제 해결 능력 향상으로 이어진다. 예를 들어, "나는 이 프로젝트를 성공적으로 완성했을 때의 뿌듯함을 느낀다."라는 감정을 매일 아침 5분간 느끼는 사람은 일상에서 목표 달성에 도움이 될 사소한 아이디어나 사람들의 도움을 더 잘 포착하게 된다.

무엇보다 미래의 긍정적인 감정은 코르티솔(스트레스 호르몬)의 분비를 억제하고 엔도르핀과 세로토닌 분비를 촉진하여 단순히 기분이 좋아지는 것을 넘어, 만성적인 불안, 불만으로부터 마음을 보호하는 정서적 면역력을 강화한다. 미래의 행복한 감정을 반복적으로 느끼는 것만으로도 우리 몸의 생리적 건강 상태가 실제로 개선될 수 있다는 것이다.

그렇다면 미래의 감정을 생생하게 미리 느끼는 실용적인 방법들은 무엇일까. 막연한 꿈으로는 감정을 느끼기 어렵다. 내가 진정으로 원하는 것이 무엇인지, 그 목표가 달성되었을 때의 모습은 어떠할지 최대한 구체적으로 그려본다. 특히 엄마의 역할과 개인적 꿈이 성공적으로 조화된 미래를 상상할 때 효과가 크다.

'3년 후, 아이가 고등학생이 되어 스스로 공부 계획을 짜고 실행하는 모습', '5년 후, 내가 원하던 자격증을 따고 새로운 일을 시작한 첫날', '10년 후, 아이가 대학에 입학하여 독립하고, 나는 오랜 꿈이었던 여행을 떠나는 모습'처럼 구체적인 장면을 설정하는 것이 첫 단계다. 시각, 청각, 후각, 미각, 촉각 등 오감을 모두 동원하여 상상력을 발휘해야 한다. 단순히 보는것에 그치지 않고 그 순간의 모든 감각을 재현한다.

미래 일기 쓰기는 감정 시뮬레이션을 위한 가장 강력한 도구이다. 미래의 어느 날, 이미 행복해진 나의 모습을 상상하며 쓰는 일이기 때문이다. 중요한 것은 '미래에 이렇게 되었으면 좋겠다'가 아니라, '이미 이렇게 되었다'라는 기분으로 현재형이나 과거 완료형 문장을 사용하는 것이다. 구체적인 날짜와 요일, 날씨를 적어 현실감을 높이고, 감정을 나타내는 표현을 풍부하게 사용한다. 대화 장면을 포함하여 생동감을 더하고, 작은 성취부터 큰 성취까지 다양한 시점의 일기를 써보는 것이다.

특히 오감을 동원하는 것이 효과가 좋다. 더욱 실감 나게 느낄 수 있기 때문이다. 그 순간의 냄새, 분위기, 온도, 소리, 촉감을 생생하게 담아낸다. 감정뿐 아니라 신체 감각을 구체적으로 느끼는 과정이 뇌의 신경 패턴을 더욱 강력하게 형성하게 될 것이다.

내가 원하는 미래의 모습과 감정을 상징하는 사진, 그림, 문구 등을 모아 비전보드를 만들고 눈에 잘 띄는 곳에 둔다. 매일 보드를 보면서 상상하고 긍정적인 감정을 느끼는 연습을 반복한다.

스탠퍼드 대학교 연구에 따르면, 시각적 정보는 텍스트보다 6만 배 빠르게 뇌에서 처리되며 장기 기억으로 저장될 가능성도 높다고 한다. 아침에 일어나서 또는 잠들기 전, 단 3분만 투자하여 미래의 행복한 장면을 떠올리고 그 감정을 느껴본다. 이를 감정앵커링이라 하는데, 반복될수록 그 감정이 우리 몸과 마음에 깊이 새겨진다.

편안한 자세로 앉거나 눕고, 깊게 호흡하며 몸과 마음을 이완시킨 후, 미래의 특정 장면 하나를 선택한다. 그 장면을 오감으로 생생하게 느끼고, 그때의 핵심 감정(행복, 감사, 뿌듯함 등)을 온몸으로 느끼며 30초~1분간 머문다. 천천히 눈을 뜨고 '오늘 하루도 그 미래를 향한 걸음 나아간다.'라고 다짐한다. 이런 간단한 루틴만으로도 하루를 시작하는 에너지와 방향성이 완전히 달라진다.

감정 시뮬레이션은 마법이 아니다. 그러나 우리의 태도, 선택, 행동을 변화시키고, 그 변화들이 모여 현실을 바꾼다. 비현실적이라고 느껴지는 반응은 자연스럽다. 현실과 동떨어진 먼 미래보다 가까운 미래부터 점진적으로 상상할 때 현실감이 생기고, 단계를 잘게 나눌수록 실현도 쉬워진다.

'지금의 나로서는 불가능해'라는 생각보다 '이미 이루었을 때의 나'가 되어 그 감정을 느껴야 한다. 이미 도착한 미래에서 현재를 되돌아보는 관점이 필요하다. 그렇게 되면 감정 시뮬레이션은 더 이상 막연한 희망이 아니라, 실현이 가능한 계획이 되는 것이다. 현실을 변화시키는 첫 번째 단계는 자신의 감정과 관점을 변화시키는 일이기 때문이다.

처음에는 나도 이 방법이 추상적으로 느껴졌다. 하지만 일관되게 실천하면서 구체적인 변화를 경험했다. '부자가 되었으면 좋겠다.', '현명한 엄마가 되었으면 좋겠다.'라는 바람만 반복했을 때는 같은 상황에서 같은 감정이 반복되었다.

그러나 이미 경제적 여유를 갖춘 현명한 엄마라고 설정한 후, 그 감정을 먼저 체험한 경험이 축적되자 같은 상황에서도 사고와 감정의 패턴이 변화하기 시작했다. 신체 언어, 의사소통 방식, 의사결정 구조가 바뀌었다. 내가 설정한 미래의 자아로 현재를 살아가기 시작한 것이다.

이렇게 되면 자연스럽게 내가 지향하던 방향이 현실 속에 구현된다. 현실은 이미 그렇게 변화된 나의 행동을 따라간다. 감정 시뮬레이션의 작동 원리가 바로 여기에 있다. 우리가 먼저 변화하면 우리의 선택과 행동이 변화하고, 변화가 현실을 형성하는 것이다.

감정이 바뀌는 순간, 세상도 달라 보인다. 늘 짜증스럽게 느껴지던 남편의 말이 어느 날 갑자기 걱정처럼 들린다거나 투정만 부린다고 생각했던 아이가 사실은 꽤 의젓한 아이였음을 문득 깨닫는 경험 말이다. 흥미로운 건 상황은 하나도 바뀌지 않았고 내 감정만 달라졌을 뿐인데 모든 게 다르게 느껴진다는 점이다.

많은 사람이 감정을 본능적이고 통제하기 어려운 것으로 여기지만, 사실 감정은 우리가 생각하는 것보다 훨씬 유연하다. 신경과학 연구에 따르면 감정은 반복된 경험과 선택으로 뇌에 굳어진 습관에 가깝다. 그리고 습관이라는 건 바꿀 수 있다는 뜻이다.

매일 아침 어제와 똑같은 감정으로 하루를 시작하고, 같은 상황이 반복된다고 느끼는 경우가 흔하다. "오늘도 역시 힘들구나" 같은 생각은 사실 감정과 상황을 고정시키고 상황을 반복하게 만드는 원인이 된다. 감정을 바꾸려 애써도, 근본적인 감정 습관이 변하지 않으면 노력은 빛을 발하기 힘들다.

예를 들어 '나는 가난하다.'라고 생각하면서 돈을 벌면, 그 생각으로 돈에 대한 태도와 감정 또한 가난한 사람처럼 굳어진다. 돈이 생겨도 불안해하거나, 쓰는 것에 죄책감을 느끼거나, 모으는 것을 고통스러워할 수 있다는 것이다. 결국 이런 감정 습관 때문에 아무리 노력해도 가난에서 벗어나기 어려운 경우가 생길 수 있다. 문제는 우리가 이런 감정을 인지하지 못한 채 상황 탓으로 돌리고 당연하게 받아들인다는 점이다. 마치 공기처럼 늘 존재하지만 의식하지 못하는 것처럼 말이다.

뇌과학자들은 우리가 행동을 반복할 때마다 행동을 담당하는 뉴런들이 더 강하게 연결되어 신경 경로를 형성한다는 사실을 밝혀냈다. 이는 자주 다니는 길에 아스팔트를 까는 것과 같아서 비슷한 상황이 오면 뇌는 가장 익숙하고 에너지가 적게 드는 기존의 감정 경로를 자동으로 선택하게 된다. 뇌가 익숙함을 안전하고 편안함으로 인식하기 때문이다.

새로운 감정 습관이 형성되면 대뇌 기저핵이라는 뇌의 특정 부위가 행동을 자동화하고 의식적으로 생각하고 판단하는 전두엽의 개입이 줄어든다. 즉 우리는 생각 없이도 똑같은 감정을 자동으로 느끼게 되는 것이다. 진정한 변화를 원한다면 이처럼 매일 같은 감정을 일으키는 패턴을 인식하고 의식적으로 새로운 감정 반응을 선택하고 습관화해야 한다.

반면 긍정적인 감정 기록은 새로운 감정 습관을 만들기 위한 강력한 도구가 된다. 긍정적인 경험을 기억과 결합하면 장기 기억에 보존

되고 긍정적인 자기 도식을 형성한다고 한다. 긍정적인 감정을 의도적으로 반복 학습하는 과정이 새로운 신경 경로를 만드는 것이다.

사소한 순간도 놓치지 않고 기록한다. 예를 들어, 혼자 카페에 있을 때 기분이 좋았다면 그 이유를 '남편과 아이 없이 온전히 혼자만의 여유로운 시간을 보낼 수 있어서'라고 구체적으로 적어 보는 것이다. 이러한 기록을 통해 우리는 어떤 상황에서 긍정적인 기분을 느끼는지 스스로 자각하게 되고 이 자각은 뇌에 긍정적인 감정의 경로를 무의식적으로 각인시켜 그 행동을 자연스럽게 강화하는 효과가 있다.

이처럼 감정을 오감으로 느끼듯이 세밀하게 기록하는 과정은 감정이 단순히 외부 상황 때문에 생기는 것이 아니라 나의 생각과 해석, 그리고 몸의 반응이 복합적으로 얽혀 만들어지는 것임을 깨닫게 한다. 특히 비슷한 상황에서 반복적으로 같은 감정과 생각이 떠오르는 패턴을 발견할 때, 우리는 비로소 '아, 내가 이 감정을 스스로 만들어 내고 유지하고 있었구나!' 하고 인식하게 된다.

감정 습관의 굴레에서 벗어나기 위한 첫걸음은 감정의 패턴을 인식하는 것이다. 가장 먼저 할 일은 부정적인 감정이 언제, 어디서, 어떤 상황에서 반복적으로 나타나는지 그 연결 고리를 찾아내는 것이다. 마치 범인을 잡기 위해 사건 현장의 증거들을 하나씩 살펴보듯, 나의 감정 뒤에 숨겨진 특정 상황을 발견하는 것이다. 감정은 홀로 존재하는 것이 아니라 특정 상황과 연결되어 습관을 이룬다. 이 연결 고리를 발견하는 것으로도 감정의 자동 조종 모드에서 벗어나게 된다.

많은 사람이 감정 기록의 중요성을 알지만 단순한 일기처럼 쓰다 금세 그만두곤 한다. 하지만 감정 기록의 진짜 목적은 그 기록을 통해 내가 어떤 상황에서 어떤 감정을 반복적으로 만들어내고 있으며 그 고리를 나 자신이 엮고 있다는 사실을 명확하게 알아채기 위함이다. 내가 상황 탓을 하며 당연하게 여겼던 감정이 사실은 내가 스스로 반복하고 있는 습관임을 깨달을 때 변화의 문이 열린다.

그렇다면 감정 패턴을 효과적으로 알아채기 위해 어떻게 기록해야 할까. '부정적인 순간'과 '긍정적인 순간'을 나눠 질문들을 중심으로 감정을 구체적으로 기록하는 것이 중요하다. 감정을 회피하지 않고 직면하여 패턴을 파악하는 것이 핵심이다.

예를 들면 아이가 짜증을 낼 때 기분이 나빴다고 기록해보자. 이때 단순히 '기분 나쁘다'로 끝내는 것이 아니라, 그 감정이 왜 발생했는지 솔직하게 파헤쳐 보는 것이다. '아이의 태도가 마음에 들지 않고', '내가 교육을 잘못한 것 같다는 죄책감이 들며', '이 상황을 어떻게 해결해야 할지 몰라 답답했기 때문'이라고 구체적인 이유를 적어 보는 것이다.

이렇게 감정을 유발한 사건과 그 아래 숨겨진 진짜 원인을 찾아내면 감정은 더 이상 막연한 것이 아니라 내가 스스로 만들어낸 습관임을 명확히 인식하게 된다. 이 과정을 통해 내가 어떤 이유에서 부정적인 감정을 느끼는지 정확히 알게 되고 다음에는 다르게 반응하고 생각할 수 있는 힘을 얻게 되는 것이다.

감정 패턴을 인식했다면 이제 익숙한 반응 대신 새로운 반응을 의식적으로 선택할 차례이다. 출근길에 차가 막힐 때 '차가 막히는 것은 당연한 일이고, 짜증을 내는 것이 나에게 아무런 도움이 되지 않는다.'라고 생각하며 감정을 조절할 수 있다. 나아가 '이 밀리는 시간을 활용해 좋아하는 팟캐스트를 들어볼까?'처럼 상황에서 자신이 할 수 있는 일에 집중 할 수 있게 된다. 처음에는 여전히 같은 감정이 올라올 수 있지만 이런 의식적인 노력이 반복되면 뇌는 새로운 감정 경로를 만들기 시작한다.

이처럼 새로운 감정 반응을 선택하는 것은 마치 근육을 단련하는 것과 같다. 하루아침에 근육이 만들어지지 않듯, 감정 습관도 꾸준한 반복을 통해 굳어지는 것이다. 긍정적인 감정을 의식적으로 선택하는 연습을 매일 한다면, 뇌는 점점 새로운 감정 경로를 익숙하고 안전한 길로 인식하게 된다. 진정한 변화는 외부 상황을 바꾸는 것이 아니라 같은 상황을 마주했을 때 다른 감정을 느끼는 것에서부터 시작된다.

감정은 훈련을 통해 충분히 변화할 수 있다. 그렇다면 실제로 감정 습관이 바뀌었을 때 우리의 삶은 어떻게 달라질까? 나는 남편이 나에게 잔소리하거나 이해되지 않는 행동을 보일 때마다 참기 어려운 감정이 치밀어 오르곤 했다. 그 감정을 다스리려 해도 쉽지 않았고, 노력해도 조절되지 않는 내 모습에 실망스러웠다. 남편을 늘 이해할 수 없다는 시선으로 바라보았고 생각은 좀처럼 바뀌지 않았다.

그러던 중 나에게 도움이 된 생각은 나의 감정이 절대적인 사실이 아니라는 점을 인식하게 된 순간이었다. 감정이 진실이 아닐 수도 있다는 사실을 받아들이자 조금씩 변화가 시작되었다. 남편의 잔소리가 단순한 간섭이 아니라 가족에 대한 애정과 관심에서 비롯된 행동일 수 있다는 새로운 해석을 받아들이게 된 것이다. 그러자, 감정도 조금씩 바뀌기 시작했다. 같은 상황이 반복되더라도 예전처럼 강한 부정적 감정이 올라오지 않았고 남편의 모습이 자연스럽게 느껴졌다. 감정이 바뀌니 내 반응이 달라졌고, 그에 따라 남편 역시 더 자상한 모습으로 다가오게 되었다. 남편을 변화시킨 건 나의 잔소리가 아니라 남편의 사랑을 읽지 못하는 내 감정 습관을 깨닫고 변화하려 했던 나 자신이었다.

감정 습관을 바꾸는 것이 어렵다면 감정 밑바닥에 있는 '생각의 습관'을 점검해 보는 것이 중요하다. 감정은 자극에 대한 자동적인 반응이 아니라 우리가 상황을 어떻게 해석하느냐에 따라 형성된다. 감정은 생각의 산물이며, 감정을 변화시키기 위해서는 먼저 생각을 바꾸는 것이 필요하다.

감정은 우리가 통제할 수 없는 무언가가 아니라 우리의 생각과 해석, 그리고 반복된 선택이 만들어낸 결과물이라는 사실을 깨닫는 것, 이것이 변화의 시작이다. 자신이 어떤 감정의 흐름 속에 살아왔는지를 인식하고 그 감정 뒤에 자리한 생각의 틀을 점검하며 매일 조금씩 다른 반응을 선택하는 연습을 실천하는 일이다.

감정을 바꾸는 작은 시도 하나하나가 쌓여 결국 삶의 방향을 바꾸게 된다. 매일의 감정에 조금 더 의식적으로 반응하는 바로 그 순간부터 시작된다. 우리는 꾸준히 실천할 수 있다. 당신에게는 그런 힘이 이미 충분하다.

5 타인의 감정을 내 감정이라고 착각하지 마라:
타인의 비판에 감정 관리하는 법

타인의 비판을 마주하는 것은 불쾌한 경험이 될 수 있다. 좋은 의도든, 나쁜 의도든 비판의 말은 종종 우리 마음에 깊게 새겨진다. 그러나 비판을 단순히 불쾌한 경험으로만 받아들이기보다, 그 본질을 객관적으로 바라보는 연습을 한다면 우리는 평온한 감정을 유지할 수 있다. 중요한 것은 비판의 내용 자체가 아니라 우리가 그 비판을 어떻게 받아들이고 해석하는가이다. 비판을 마주했을 때 감정을 효과적으로 조절하고 상황을 성장의 기회로 만드는 구체적인 방법들을 알아보자.

왜 우리는 타인의 말과 감정에 이토록 쉽게 영향을 받을까? 여기에는 몇 가지 심리적 원인이 작용한다.

첫째, 공감 능력의 과잉이다. 우리는 사회적 동물로서 타인의 감정을 읽고 반응하는 능력을 타고난다. 이는 관계를 맺고 소통하는 데 필수적인 능력이지만 때로는 과도한 공감이 타인의 부정적인 감정까지 흡수하게 만든다. 특히 타인의 비판을 들었을 때, 상대방이 느끼는 실망감이나 불쾌감이 마치 내 잘못인 양 느껴져 죄책감과 불안감을 고스란히 떠안게 된다.

둘째, 불안정한 자아상 때문이다. 자신의 가치에 대한 확고한 믿음이 부족할 때, 우리는 외부의 평가에 더욱 민감해진다. 타인의 비판은 불안정한 자아상을 건드려 '나는 부족하다'라는 내면의 두려움을 증폭시킨다. 마치 약한 바람에도 흔들리는 갈대처럼, 타인의 작은 말에도 쉽게 휘둘리게 된다.

셋째, 비판을 들었을 때 우리는 종종 상대방의 의도를 과도하게 해석하거나, 비판의 초점을 확대해석하는 경향이 있다. 예를 들어 상사가 "이 보고서에는 통계 자료가 부족하네요"라고 말했을 때, 이는 단순히 보고서의 특정 부분에 대한 피드백일 뿐인데도 우리는 '내가 능력이 없어서 완벽한 보고서를 못 만들었다.'라고 비약하여 해석한다. 이런 인지적 왜곡은 상대방의 감정과 나의 감정을 뒤섞어버린다.

타인의 비판에 감정적으로 휘둘릴 때, 상대방이 자신의 불만이나 불안을 우리에게 투사하는 경우가 있다. 배우자가 회사에서 스트레스를 받고 왔는데 이를 표현하기 어려워 집에서 사소한 일에 불평을 늘어놓는다면, 그 불평은 배우자의 스트레스 감정의 투사일 수 있다. 이때 우리가 그 불평을 내 잘못으로 받아들이고 죄책감을 느낀다면, 타인의 감정을 내 감정이라고 착각하는 셈이 된다. 타인의 감정으로부터 나 자신을 보호하는 것은 매우 중요하다.

건강한 경계는 '나'와 '너'를 구분하는 심리적 울타리와 같다. 이 울타리가 약하면 타인의 감정이나 문제가 쉽게 내 안으로 침범해 들어와 나의 정서적 안정성을 해친다.

상대방의 감정은 상대방의 것이다. 그들이 화가 났거나 실망했다면 그것은 그들의 감정이고 당신이 그 감정의 무게까지 짊어질 필요는 없다. 타인의 부정적인 감정을 흡수하고 그에 대해 곱씹는 것은 감정 소모를 일으킨다. 이는 정신적 피로로 이어져 정작 자신의 목표나 행복을 위한 에너지를 고갈시킨다.

직장 상사, 동료, 배우자로부터 화난 말을 많이 받았다. 여러 가지 방법을 시도해 봤지만 나에게 가장 효과가 있었던 방법은 '상대의 감정을 내가 조절할 수 없다.'라는 것을 받아들이는 일이었다.

심리학에서는 이를 통제의 위치(Locus of Control)라고 부른다. 내가 통제할 수 있는 것과 없는 것을 구분하는 능력이다. 지금 나를 비판하거나 소리를 지르는 저 사람의 기분은 내 통제 범위 밖에 있다. 이렇게 생각하니 놀라운 일이 일어났다. 나는 더 이상 비판받는 사람이 아니고 상대는 자신의 감정을 건강하게 다루지 못하는 사람이 되었다. 그들의 감정은 그들의 몫이다. 내가 책임질 일이 아니다. 더 솔직하게 말하면, 그런 감정을 이렇게 쏟아내고 있는 그들의 상황이 안타깝게 느껴진 때도 있었다.

비판은 때때로 성장을 위한 소중한 피드백이 된다. 하지만 비판의 감정을 내 것으로 착각하고 무너지면 본질적인 내용에 집중하지 못하고 감정적으로만 반응하게 되어 성장할 기회를 놓치게 된다.

상대방의 감정은 상대방의 것임을 인지하라. 상대방이 비판적인 말을 하거나 부정적인 감정을 표출할 때, 마음속으로 되뇌자. '아, 저

건 저 사람이 지금 느끼는 감정이구나. 내 감정이 아니야.' 이 문장은 당신과 상대방의 감정 사이에 심리적인 경계를 만들어 감정적으로 압도당하는 것을 막아준다.

쉽게 실천하는 방법은 자신을 감싸고 있는 투명한 유리벽을 상상하는 것이다. 상대방의 감정이 나에게 파도처럼 밀려올 때, 당신 앞에 있는 그 투명한 유리벽의 힘을 믿어보는 것이다. 부정적인 감정의 파도가 그 벽에 부딪혀 부서지지만, 당신에게는 아무런 영향을 주지 못한다. 이러한 시각화는 감정을 분리하고 객관화하는 데 도움을 준다.

또한 '일시 정지' 버튼 누르기 방법도 있다. 누군가 기분 상하게 하는 말을 했을 때, 즉각적으로 반응하지 말고 잠시 일시 정지 버튼을 누른다고 상상하자. 심호흡을 한두 번 하고 감정이 가라앉기를 기다린다. 이 짧은 멈춤은 감정적으로 격해지는 것을 막고 이성적으로 대응할 기회를 준다. 그리고 영화를 보듯이 당신의 상황을 제삼자가 객관적으로 지켜본다고 상상해 보자. 제삼자는 당신이 아닌 다른 사람의 상황을 보는 것처럼 침착하고 논리적으로 상황을 분석할 것이다. 이러한 연습은 감정의 소용돌이에서 벗어나 상황을 객관적으로 바라보는 데 도움을 준다.

비판을 들었을 때 세 가지 질문을 던져보자. 이 비판에 사실적인 근거가 있는가?, 나의 성장과 발전에 도움이 되는가?, 상대방의 개인적인 감정(컨디션, 성향 등)에서 비롯된 것은 아닌가? 이 과정을 통해 불필요한 감정 소모를 줄일 수 있다.

스스로에 대한 확고한 믿음을 가져라. 건강한 경계를 세워라. 상대방의 비판이 너무 지나치거나 감정적일 경우, 건강한 방식으로 자신의 감정을 표현하는 것도 중요하다. 상대방을 비난하지 않고 '나는 이렇게 느낀다.'라는 주어를 사용하면 좋다. 이는 타인에게 건강한 경계선을 제시하고 당신의 감정을 존중해달라고 요청하는 행위다. 모든 비판에 일일이 반응할 필요는 없다. 때로는 무례하거나 비합리적인 비판에는 침묵하거나, 상황을 피하는 것이 가장 현명한 대처가 될 수 있다. 모든 전투에 참여할 필요는 없다.

과도한 공감 능력과 해석을 확대하는 인지적 왜곡은 타인의 감정을 내 감정이라고 착각하게 만드는 주요 원인이다. 이에 따라 우리는 불필요한 죄책감과 수치심에 휩싸여 소중한 에너지를 소진하고 정작 자신의 행복과 성장을 위한 힘을 잃게 된다. 하지만 이제 우리는 알았다. 상대의 감정 무게까지 짊어질 필요가 없다는 것을...

건강한 울타리를 세우는 것이 바로 자신을 지키는 가장 중요한 자기 보호임을..

더 나아가 우리는 상대방을 향한 시선도 바꿀 수 있다. 그들의 거친 표현 뒤에 숨겨진 고통이나 어려움을 보게 될 때, 분노는 자연스럽게 연민으로 바뀐다. 그 순간 우리는 더 이상 공격받는 사람이 아니며 여유롭게 상황을 바라볼 수 있는 사람이 된다. 결국 타인의 말에 좌우되지 않는 단단한 내면은 외부에서 오는 것이 아니다. 스스로 향한 확고한 믿음과 건강한 심리적 경계에서 만들어지는 것이다. 그 누구의 말도 당신의 본질을 흔들 수는 없다. 오히려 그런 순간들이 당신을 더욱 단단하고 자유로운 사람으로 성장시키는 밑거름이 될 것이다.

6 감사를 연습하면 달라지는 것들

요즘 감사일기를 쓰는 문화가 하나의 일상 습관처럼 자리 잡고 있다. SNS에는 오늘의 감사 해시태그가 끊이지 않고 다양한 심리 콘텐츠에서도 감사의 효과가 반복해서 강조된다. 정서적 안정에 도움이 된다는 이야기는 이제 익숙할 정도다. 하지만 실제로 일상을 살아가는 마음은 그리 단순하지 않다.

감사의 중요성은 알고 있지만 반복되는 피로와 감정 소진 속에서 진심으로 감사함을 느끼기란 쉽지 않다. 감정을 조율하며 여유롭게 살고 싶어도 남편의 무심한 말 한마디, 아이의 작은 실수에도 마음이 휘청일 때가 많다. 겉으로는 괜찮은 척 살아가지만, 안에서는 미처 소화되지 못한 감정들이 켜켜이 쌓여간다. 그 속에서 정말 감사일기가 효과가 있을까? 하는 회의감이 고개를 들기도 한다.

긍정심리학의 창시자 마틴 셀리그먼은 하루에 감사한 일 세 가지 쓰기를 대표적인 정서 회복 방법으로 소개하며 실제로 이 습관이 우울, 불안, 무기력감을 줄이고 삶의 만족도를 높인다는 연구 결과를 여러 차례 발표했다.

감사는 억지로 긍정적으로 생각하는 방식이 아니라 시선을 바꾸고 감정을 정리하는 내면의 훈련에 더 가깝다. 특히 반복적으로 감사에 집중하는 사고 습관은 뇌의 인지 경로를 바꾸고, 감정 반응의 폭을 줄이며, 회복 탄력성을 키우는 데 도움이 된다.

감정과 돌봄 노동이 일상화된 엄마들에게는 이 훈련이 자신뿐 아니라 가족 전체의 정서적 균형을 지키는 중요한 자원이 된다. 그렇기에 감사하는 감정은 단순한 유행이 아니라 복잡한 시대를 살아가는 우리 모두에게 꼭 필요한 정서적 기술이다.

감사를 실천할 때 뇌에서는 도파민과 세로토닌 같은 신경전달물질이 분비되어 기분을 안정시키고 스트레스를 줄이는 작용을 한다. 반면 부정적인 감정은 코르티솔이라는 스트레스 호르몬을 유발하는데, 감사의 습관은 이런 부정적 반응을 누그러뜨리는 역할을 한다.

또한 감사를 반복해서 기록하면 자연스럽게 긍정적인 면에 주의를 기울이게 되고 현실을 새롭게 인식할 수 있도록 도와준다. 감사는 단순히 좋은 습관이 아니라 정서 회복력과 스트레스에 대한 내성을 높이는 장기적 전략이다.

엄마들은 특히 감정이 쉽게 소진되는 환경 속에 있다. 아이는 끊임없이 요구하고, 매일 반복되는 집안일은 끝이 보이지 않는다. 남편은 자신의 일도 감당하지 못한 채, 사소한 일까지 아내에게 의지하려 든다.

이런 일상이 반복되다 보면 감사라는 감정은 너무 작고 한가롭게만 느껴지기도 한다. 때로는 그것마저 사치처럼 느껴진다. 하지만 바로 그런 순간일수록, 감사는 작지만 단단한 감정의 중심이 되어준다. 아이의 장난스러운 웃음소리, 창밖으로 잠깐 들어온 햇살, 고단한 하루 끝에 잠든 아이의 얼굴을 바라보는 순간. 이런 아주 사소한 장면 하나가, '이 삶에도 분명 따뜻한 순간이 있구나'하고 마음을 붙잡게 되는 순간이다.

나도 처음에는 감사일기가 자기계발서에서 성공을 위한 태도처럼 반복될 때마다, 그것은 현실과 동떨어진 이야기처럼 느껴지곤 했다. 그러다 2022년, 개인적으로 큰 위기를 겪으면서 불안과 무기력 속에서 무언가라도 하자는 심정으로 감사일기를 시작하게 되었다. 처음에는 별다른 변화가 없었다. 감사일기를 적어도 진심으로 감사하는 마음이 일어나지 않았고 그저 형식적으로 감사한 것을 적었다. 하루를 되돌아보아도 특별한 감사한 감정은 잘 떠오르지 않았다. 단순히 감사한 일 세 가지를 적는 일이 무슨 의미가 있을까 싶었다.

그런데 시간이 흐르며 점차 시선이 바뀌기 시작했다. 내가 얼마나 많은 것을 당연한 것으로 여기며 살아왔는지를 깨닫게 된 것이다. 나와 가족의 건강, 함께 머무는 집, 반복되는 평범한 그 모든 일상이 익숙하다는 이유로 감사를 느끼지 못하고 있었다.

돌이켜보면 나의 시선은 늘 가지지 못한 것에 머물러 있었다. 일상에 대한 불만은 습관처럼 자리 잡았고, 그 틈으로 부정적 감정도 스며들었다.

아이가 내 뜻대로 움직여주지 않거나 하루 종일 힘들게 할 때, 함께 있다는 사실이나 건강하게 자라고 있다는 고마움은 잠시 잊힌다. 그 대신 비교의 시선이 자연스럽게 따라온다. 주변의 아이들이 더 순하게 보이고, 다른 집 남편이 더 다정하고 성숙해 보일 때도 있다. 그가 가족을 위해 묵묵히 감당해온 시간이나 말로 다 표현하지 못한 애씀은 미처 떠올리지 못한 채, 감정만 앞설 때가 많았다.

우리는 흔히 당연하게 생각한 것을 잃었을 때 그것의 소중함을 깨닫는다. 감사일기는 그 자각의 시점을 미리 앞당겨 준다. 지금 내가 누리고 있는 것이 당연하지 않다는 사실을 자각하게 해주는 내면의 연습이자, 감정 조절 능력을 키우는 심리적 기술에 가깝다.

책 한 권을 편하게 읽고 있는 이 순간에도, 그 배경에는 수많은 사람의 노동과 자연의 시간이 깃들어 있다. 수십 년을 자란 나무가 베어지고, 종이로 만들어지고, 수많은 손을 거쳐 이 책이 만들어졌다. 나무 하나가 자라기 위해 햇빛과 물, 땅이 필요했듯, 내 삶도 수많은 보이지 않는 것들에 대한 감사 위에 서 있다.

그 감사함을 인식하게 되었을 때, 처음으로 모든 것에 감사하는 시선을 갖게 되었다. 무엇보다 인상 깊은 것은, 감사가 주변으로 퍼져나간다는 사실이다. 감사일기를 꾸준히 쓰면서 나는 남편에게 종종 말했다. 당신과 아이가 건강하고 이렇게 함께 있는 것만으로도 충분해. 처음엔 남편이 그 말을 그저 흘려들었지만, 어느 날부터 그가 먼저 '지금 이대로도 참 감사해. 더 이상 바랄 것이 없어'라고 말하기 시작했다. 내 시선이 바뀌자, 관계도 조금씩 따뜻하게 달라졌다.

감사일기를 실천하고 싶은데 쉽게 시작하지 못한다면, 이렇게 생각해보자. 감사하는 마음이 내 감정에 어떤 영향을 줄 수 있을까? 불안한 감정이 자주 올라오는 시기라면 감사는 불안을 누그러뜨리는 힘이 될 수 있다. 불안이 줄어든다면 나의 하루는 훨씬 편안해질 것이고, 마음이 안정되면 삶의 방향도 긍정적으로 바뀔 수 있다. 생각만 해도 좋다. 변화된 감정 상태가 매력적으로 느껴진다면, 감사는 그 자체로도 시작할 이유가 된다.

또한 감사일기를 쓰는 방법에 조금만 방향을 잡아주면 훨씬 더 효과를 높일 수 있다. 예를 들어, 하루 중 가장 감정이 움직였던 사소한 순간 세 가지를 기록해보자. 그 순간이 왜 감사했는지를 함께 적으면, 감정이 더 선명해진다. 아이와 손잡고 걸었던 짧은 시간이 오늘 하루를 견디게 했다 같은 구체적인 문장은 마음을 더 단단히 붙들어준다.

아침에 쓰면 하루를 긍정적으로 시작할 수 있고, 저녁에 쓰면 하루를 정리하는 데 도움이 된다. 자신에게 맞는 시간을 정해 꾸준히 써보는 것을 추천한다. 다만 감사하지 못하게 만드는 감정도 있다. 억울하고 지친 마음이 감사보다 먼저 올라올 때, 내가 감사할 상황이긴 한가? 하는 회의감이 들기도 한다. 그럴 때는 억지로 감사하려 하기보다, 지금의 감정도 충분히 이해돼. 나는 열심히 견디고 있다고 자기 마음을 먼저 다독여주자. 그렇게 마음의 여백이 생길 때, 감사도 자연스럽게 따라온다.

아이와 함께 실천할 수 있는 감사 활동도 효과적이다. 잠들기 전 서로 감사한 일을 하나씩 말해보거나, 감사 나무를 만들고 감사한 일을 적어 보는 것도 좋다. 오늘 기분 좋았던 일은 뭐였을까? 하고 물어보며 감정을 함께 나눌 수 있다. 이런 실천은 아이의 정서 발달에도 도움이 되고 가족 전체의 분위기를 긍정적으로 바꿔준다.

7 긍정어로
내 감정을 다스려라

우리는 모두 긍정적인 사람이 되기를 바란다. 긍정적인 태도를 기르려면 먼저 사용하는 언어를 긍정적으로 바꾸는 것부터 시작하는 게 좋다. 입 밖으로 내는 말뿐만 아니라 속으로 생각하는 언어까지도 긍정적으로 바꿔야 한다.

우리는 너무 익숙하게 부정어를 사용하고 있어서 그것이 부정어인지조차 인식하지 못하는 경우가 많다. 특히 주의를 주는 말에 부정적인 표현이 많이 포함되어 있다. '뛰지 마세요', '쓰레기를 버리지 마세요' 같은 표현은 우리 일상에서 흔히 사용하고 있다. 이런 말들도 긍정적인 언어로 바꿀 수 있다. '걸어 다니세요', '깨끗하게 사용해 주세요'처럼 말이다.

인지행동치료에서는 우리의 언어가 곧 사고방식을 만들고 사고방식이 감정과 행동을 결정한다고 설명한다. '뛰지 마세요'라고 말하면 뇌는 뛰는 모습을 먼저 떠올리고 이를 억제하려 에너지를 쓴다. 이보다는 '걸어 다니세요'라고 말하면 걷는 모습을 상상하게 하는 것이 더 효과적이다.

언어는 단순한 의사소통 도구가 아니라 우리의 뇌가 세상을 이해하고 반응하는 방식 자체를 형성한다. 특히 반복되는 언어는 신경회로를 강화하여 습관적 사고방식을 만들어낸다. 매일 아침 '출근하기 싫다'라고 말하면 뇌는 출근과 관련된 부정적 정보를 계속 수집하고 강화하게 된다.

나 또한 과거에는 긍정어에 큰 관심이 없었지만, 긍정어를 사용하려고 노력한 후부터 남편의 모든 부정어가 귀에 쏙쏙 박혔다. 남편은 일어나자마자 '아, 출근하기 싫다.'라고 말한다. 이 말을 내뱉는 순간 뇌는 '출근하기 싫은' 정보를 각인시키기 시작한다.

어느날 남편이 나에게 "나 이제 아침에 출근하기 싫다는 말 안 하지 않아?"라고 물었다. 생각해보니 정말 그랬다. 남편은 "결혼하고 나서 10년 만에 고친 것 같아. 내가 출근하기 싫다고 할 때마다 당신이 긍정적인 말을 해줘서 그래"라고 말했다. 그 말을 듣고 나는 내가 10년 동안 남편이 출근하기 싫다고 할 때마다 긍정적인 말을 해줬다는 사실에 더 놀랐다.

자녀 양육에서 긍정어 사용은 그 어떤 것보다 중요하다. 심리학자 캐럴 드웩(Carol Dweck)은 아이에게 하는 말이 아이의 자아개념을 형성한다는 것임을 연구를 통해 밝혔다. "너는 왜 이렇게 게으르니?"라고 자주 말한다면, 아이는 그 말을 듣고 자신을 게으른 아이라고 생각하게 된다. 이것을 '고정 마인드셋'이라고 하는데, 자신의 능력을 변하지 않는 고정된 것으로 인식하게 되는 것이다. 반대로 "오늘 많이 노력했구나"라고 말하면 아이는 '성장 마인드셋'을 갖게 되어 노력하면 변화할 수 있다고 믿게 된다. 부모의 언어가 아이의 자아 개념과 정체성을 형성하는 데 결정적인 역할을 하는 것이다.

사실 나도 긍정어의 중요성을 알기 전까지는 가족들에게 비난에 가까운 말들을 쏟아냈다. "빨리 좀 해", "왜 이걸 몰라?", "더 잘할 수 있잖아!" 내 의도는 분명 가족을 더 나은 방향으로 이끌고 싶은 마음이었다. 남편이 집안일을 더 많이 해주길 바랐고, 아이가 학습에서 더 좋은 결과를 내길 바랐다. 하지만 그 바람은 '더, 더, 더'를 요구하는 격려가 아니라 비난이 되어버렸다. 이런 말들은 가족이 노력한 일을 인정하기보다, 하지 않은 것에 초점을 맞추게 만들었다.

상담 현장에서도 엄마들의 이런 패턴을 볼 수 있다. 자신도 모르게 결핍에 초점을 맞추는 것이다. 심리학에서는 이를 부정 편향이라고 한다. 인간의 뇌는 생존을 위해 위험 요소, 즉 부정적인 것에 더 민감하게 반응하도록 진화했다. 그래서 우리는 열 가지의 장점보다 한 가지의 단점에 더 집중하게 된다. 부정 편향을 극복하기 위해서는 의식적으로 긍정적인 것에 주의를 기울이는 연습이 필요하다.

남편이 설거지했을 때, "아이 숙제도 좀 도와줘!"라는 말 대신 "설거지해 줘서 고마워, 덕분에 부엌이 깨끗하네"라고 말했다. 이렇게 긍정의 언어를 사용해도 남편은 큰 변화가 없는 것 같았다. 하지만 내 마음에서 큰 변화가 일어났다. 남편에게 기대하는 마음에서 바라는 마음이 줄고 남편이 나를 돕고 있는 것이 눈에 더 들어왔다. 결국 긍정어는 상대를 바꾸기 위한 도구가 아니라, 나를 바꾸는 언어였다.

아이에게도 "빨리 해!", "아직도 안 했어?", "이건 그때 배운 거잖아" 같은 말을 자주 했다. 그러다보니, 공부를 하는 일이 엄마, 아이 모두에게 힘든 일이 되어 있었다. 그래서 긍정의 언어로 바꿔보기로 했다. "오, 처음보다 훨씬 잘 쓴다. 글씨도 더 단정해졌네?" 아이의 성장을 구체적으로 칭찬하기로 한 것이다. 그랬더니 아이가 달라지기 시작했다.

어느 날 아이가 나에게 첫 번째 페이지와 지금 막 쓴 페이지의 글씨를 보여주며 "엄마, 나 더 많이 잘 쓰게 됐지?"라고 말했다. 엄마가 말만 바꿨을 뿐인데, 꾸준히 성장하는 아이가 된 것이다. 언어를 바꾸자 성장하고 있는 아이를 비로소 볼 수 있었다.

가족에게 긍정어를 쓰기 시작하면서 나 자신에게도 긍정어를 써야 한다는 것을 깨달았다. 엄마들은 자신에게 때론 가혹하다. "지금 잘하고 있는 건가?", "다른 엄마들은 다 잘하는데 나는 왜 이렇게 어렵지? 이런 말들을 속으로 수없이 되뇌인다. 이렇게 자책할수록 실제로 더 못하는 엄마가 되어간다.

그래서 나 자신에게 하는 말도 바꿔보기로 했다. "나는 오늘도 최선을 다했어.", "다음에 더 잘 할 수 있어"라고 말이다. 인지치료의 창시자 아론 벡(Aaron Beck)은 생각을 바꾸면 감정이 바뀐다고 말했다. 나는 이것을 직접 경험했다. 나에게 관대해지니 아이에게도 관대해졌다.

자신과의 대화에서도 긍정어를 사용해 보라. 나 또한 아이의 등교 준비와 출근 준비를 하며 시간에 쫓긴다. 그럴 때면 속으로 불평이 터져 나오고 아이에게 소리도 지르게 된다. 하지만 "여유 있게 도착한 날도 있잖아."라고 생각하며 긍정적인 방향으로 등교 전 계획을 세우게 된다.

인생은 우리가 말하는 대로 흘러가고, 말하는 대로 생각하게 된다. 자신이 불행하다고 말하는 사람은 불행한 이유를 계속 찾게 되지만, 행복해지고 싶다고 말하는 사람은 행복해지는 방법을 찾게 된다. 이것이 긍정어의 힘이다.

전북대학교 손정락 교수의 연구에 따르면, 우리의 생각이나 기대 같은 의식적인 노력이 스트레스를 줄이고 면역체계를 강화할 수 있다고 한다. 인간 의식의 결과물인 말도 몸과 마음의 건강에 영향을 미친다. 특히 회복탄력성, 스트레스와 역경을 겪은 후 이전 상태로 되돌아갈 수 있는 능력도 어떤 말을 사용하는가에 따라 달라질 수 있다.

미국 피츠버그 대학교 연구팀이 블로그 3만 5천 개를 분석한 결과는 놀라웠다. 부정적 단어를 광범위하게 사용하는 사람들은 질병, 외로움, 우울에 시달릴 가능성이 컸다. 반면 긍정적 단어를 다채롭게 구사하는 사람들은 몸도 건강하고 직장 생활이나 여가 활동에도 성실하고 적극적으로 임하는 모습을 보였다. 연구팀은 "속상한 경험을 한 사람은 자기가 보는 세상을 설명하기 위해 부정적인 단어를 더 열심히 찾았을 가능성이 크다"라고 설명했다.

결국 우리가 사용하는 언어는 단순한 의사소통 도구가 아니라, 우리의 건강과 행복, 그리고 회복력까지 결정하는 힘을 가지고 있다. 조금씩 나아지려는 엄마가 되는 것. 그게 긍정어가 우리에게 주는 진

짜 선물이다. 오늘 하루, 한 번이라도 의식적으로 긍정어로 말해보
자. 그 작은 틈새에서 우리 가족의 건강과 행복을 증가시켜 주는 힘
이 나온다.

8 감정을 다스리고 싶으면 몸을 다스려라

감정은 흔히 마음의 영역이라고 생각한다. 감정을 다스리려면 정신력을 강화해야 한다는 믿음이 일반적이다. 그러나 감정 상태를 가장 빠르고 효과적으로 바꿀 수 있는 길은 바로 우리 몸에 있다. 몸을 어떻게 관리하느냐에 따라 우리의 감정 상태는 완전히 달라지는 것이다. 몸과 감정은 서로 떼어 놓을 수 없는 긴밀한 관계이다.

흥분된 감정을 가라앉히는 데 심호흡이 좋다는 것은 모두가 아는 상식이다. 화가 났을 때 심호흡이 효과적인 근본적인 이유는 무엇일까? 감정적인 자극으로 위험 신호가 들어오면 심장 박동수가 빨라지고, 뇌는 이를 위험 상황으로 인식하여 감정을 일으킨다. 이때 심호흡을 통해 빨라진 심장 박동수를 늦춰주면, 뇌는 상황이 위험하지 않다고 판단하게 된다. 그 결과 감정의 격한 상태를 멈출 수 있는 것이다. 이처럼 우리 몸의 생리적 반응이 감정 상태에 직접 영향을 미친다.

최신 신경과학과 심리학 연구는 이 둘의 깊은 연결을 명확하게 보여준다. 우리의 감정은 단순히 뇌에서 일어나는 화학 반응이 아니다.

감정은 혈압, 심박수, 호흡, 근육의 긴장 상태, 호르몬 분비 등 온몸의 변화를 함께 가져온다.

심리학자 윌리엄 제임스와 칼 랑게의 유명한 주장이 이를 대표한다. 그들은 "우리가 슬픔을 느껴서 우는 것이 아니라, 오히려 울음이라는 몸의 행동 때문에 슬픔을 느낀다."고 주장했다.

이는 감정을 조절하는데 마음의 영역보다 신체적인 접근이 얼마나 중요한지 보여준다. 특정 신체 반응(울음)이 먼저 나타나고, 그 반응을 뇌가 인지하여 감정(슬픔)으로 해석한다는 것이다. 이는 몸의 상태가 감정을 직접적으로 유발하거나 강화할 수 있음을 시사한다. 우리가 몸의 자세, 호흡, 움직임을 바꾸면 감정도 따라 변할 수 있다는 강력한 증거가 된다.

우리가 다른 사람의 특정 행동이나 감정을 볼 때, 우리 뇌의 거울 뉴런이 활성화되어 마치 우리가 그 행동을 하거나 감정을 느끼는 것처럼 반응한다. 이는 타인의 신체적 표현을 통해 그들의 감정을 공감하며 느끼는 방식이며, 역으로 내가 특정 신체 자세나 표정을 취할 때 내 감정이 영향을 받는 이유를 설명하기도 한다. 우울하거나 의기소침할 때 우리의 몸은 자연스럽게 어깨가 움츠러들고 고개는 숙이게 된다. 반대로 기쁘고 자신감이 넘칠 때면 가슴을 펴고 당당한 자세를 취한다. 이는 감정이 몸의 자세를 결정하는 것처럼 보일 수 있다.

하지만 사실 그 반대로도 가능하다. 의식적으로 어깨를 펴고 미소 지으면 기분이 나아지는 경험을 해 본 적이 있을 것이다. 이는 몸의 자세 변화가 감정을 변화시키는 강력한 도구가 될 수 있다는 증거다.

한국인에게 흔한 화병은 감정이 몸으로 발현되는 대표적인 사례이다. 억눌린 분노와 스트레스가 가슴 답답함, 소화 불량, 두통, 근육통 등 다양한 신체 증상으로 나타나는 것이다. 이는 감정이 제대로 해소되지 못하고 몸에 쌓여 물리적인 통증을 유발하는 현상이다. 따라서 몸을 움직여 에너지를 발산하거나, 전문가의 도움을 받아 신체 이완 훈련을 하는 것은 감정적인 해소에도 큰 도움이 된다.

남편은 퇴근 후, 힘들어하며 무기력하게 누워 있거나 일찍 잠드는 날이 많았다. 하지만 저녁 식사 후 온 가족이 함께 3~5km 달리기를 시작한 뒤로는 많은 것이 달라졌다. 일주일에 3번 이상, 많을 때는 5~6일씩 꾸준히 운동했더니 남편은 활기를 되찾았고, 늦게까지 깨어 있으면서 집안일도 더 많이 하게 되었다. 남편은 "다정함도 체력에서 나온다."는 말을 책에서 봤다며 운동의 효과에 대해 강조하였다. 나 역시 운동 후에 자세가 더 좋아지고 몸도 훨씬 가볍게 느껴졌다. 운동 그 자체만으로도 자존감이 올라가는 경험도 하였다. 가족과 함께 축구 놀이를 하면서 자연스럽게 아이의 자세도 좋아졌다.

운동은 엔도르핀과 같은 자연적인 기분 향상 신경전달물질의 분비를 자극한다. 엔도르핀은 행복감을 느끼게 하고 통증 인식을 줄이는 데 기여하고 즉각적인 기분 전환 효과뿐만 아니라, 정기적으로 하면 장기적인 정서적 건강함에도 큰 도움을 준다. 규칙적인 신체 활동은 스트레스에 대응하는 신체의 능력을 향상시켜 삶의 어려움에 직면했을 때 회복력을 높여준다.

〈내면소통〉의 저자 김주환 교수님 역시 감정 조절에 가장 효과적인 방법으로 존투(Zone 2) 운동을 꼽았다. 존투 운동은 최대 심박수의 60~70% 정도의 강도로 옆 사람과 대화할 수 있을 만큼 가벼운 유산소 운동을 말한다. 이 정도 강도는 호흡과 몸의 움직임에 집중하기 좋아 마치 명상과 같은 효과를 주어 복잡한 생각을 정리하고 마음의 평화를 찾는 데 도움을 준다.

운동이 좋다는 것은 많은 사람이 알지만 실제로 실천하는 사람은 적다. 당장 운동하지 않아도 큰 지장이 없기 때문이다. 영화를 보고, 유튜브를 보고, 맥주를 마시고, 간식을 먹는 것은 쉽다. 하지만 당신이 원하는 삶은 그런 모습이 아닐 것이다. 실천력을 올리고 싶다면 식후에 걷기부터 시작하는 것을 추천한다. 점심시간 이후에 짧게라도 걷는 것이다. 또는 계단 이용하기도 좋은 습관이다.

변하고 싶은 마음은 간절하지만 무엇부터 해야 할지 모를 때, 자신감을 높이고 싶지만, 방법을 모를 때, 일단 몸을 움직여 보라. 거창한 목표가 아니어도 괜찮다. 일단 걷기부터 시작하는 것이 가장 중요하다. 몸을 움직이기 시작하면 사고방식 또한 건강하게 변화된다. 걷는 작은 행동이 당신의 삶을 근본적으로 바꿔놓을 수 있다는 것을 기억하자.

감정이 격해질 때 가장 먼저 할 일은 호흡에 집중하는 일이다. 코로 4초간 숨을 깊이 들이마시고, 1초간 멈춘 뒤, 입으로 6초간 길게 내쉬는 복식 호흡을 반복한다. 이 간단한 호흡법은 부교감신경을 활성화하여 심박수를 낮추고 몸의 긴장을 완화하여 감정을 빠르게 진정시키는 데 효과적이다. 우리가 흔히 부정적으로 생각하는 한숨은 사실 몸이 스스로 스트레스를 조절하려는 본능적인 시도이다. 감정이 답답할 때 의식적으로 길고 깊은 한숨을 쉬어보자. 답답한 감정이 몸 밖으로 나가는 느낌을 주는 데 도움을 준다.

자신감 있는 사람이 되고 싶다면 자신감 있는 자세를 취하자. 어깨를 쫙 펴고 당당하게 걷는다. 부자가 되고 싶다면 부자가 된 것처럼 느끼고 부자처럼 걷는다. 사랑이 넘치는 사람이 되고 싶다면 얼굴에 사랑을 가득 담은 미소부터 지어본다. 자신이 되고 싶은 사람을 생각하고 그 사람처럼 걷는다. 자신감이 생겨서 자신감 있는 자세가 나오는 것이 아니라 자신감 있는 자세를 취함으로써 뇌가 자신감을 가지는 감정을 만들어내는 것이다.

건강한 몸과 정신을 위해 식습관 관리는 매우 중요하다. 우리가 먹는 음식은 단순히 허기를 채우는 걸 넘어 우리 몸의 세포를 구성하고 에너지를 만드는 근본적인 재료가 된다. 그래서 가공을 최소화한 자연 음식을 섭취하는 게 핵심이다. 설탕이나 정제된 탄수화물이 많은 가공식품은 혈당을 급격히 올려 기분 변화와 피로감을 유발할 수 있다. 반면 자연 음식은 혈당을 안정적으로 유지하고 몸에 지속적인 에너지를 공급해 긍정적인 기분과 활력을 유지하도록 돕는다. 신선한 채소, 과일, 통곡물에서 얻는 영양소는 뇌 기능과 신경 전달 물질 생성에도 좋은 영향을 줘 정신 건강에도 이바지한다.

소식하는 것 또한 중요한 습관이다. 식사량 조절은 온전히 내 의지로 가능하다. 소식하는 습관은 자신을 조절하는 중요한 의미를 지닌다. 만약 자신의 식습관조차 조절할 수 없다면 자신을 원하는 방향으로 이끌어가는 데 어려움을 겪을 수밖에 없다.

몸의 반응을 알아차리는 것이 감정 파악에 큰 도움을 준다. 예를 들어 심장이 빠르고 강하게 뛰는 것을 느끼면 긴장, 분노, 스트레스 등을 받고 있다는 것을 알 수 있고 어깨에 힘이 들어가 있는지, 표정은 어떤지 느껴보며 자신의 감정을 파악할 수 있다. 보통, 어깨나 얼굴 근육에 긴장이 많이 쌓이는데, 엄지손가락으로 광대뼈 밑이나 눈썹 밑만 눌러봐도 통증이 느껴질 수 있다.

이처럼 우리는 평소 자신의 몸에 쌓인 긴장조차 느끼지 못하고 살아간다. 자신은 그렇지 않다고 생각하지만 긴장해서 어깨가 올라가 있거나 아랫배에 힘을 주고 있을 수도 있다. 몸의 상태가 변하는 것을 인지하게 되면 자신이 어떤 감정을 느끼고 있는지 예측하게 된다. 그래서 감정에 제동을 걸고 관리할 수 있게 되는 것이다.

우리의 몸은 감정과 끊임없이 대화하며 상호작용한다. 결론적으로, 감정을 다스리는 가장 강력한 방법은 몸을 다스리는 데서 시작된다. 심호흡처럼 간단한 습관부터 식습관 개선, 그리고 운동과 같은 작은 신체 활동은 우리의 감정 상태와 정신 건강에 직접적인 영향을 미친다. 몸의 움직임을 관심 있게 관찰하고 느껴보는 것이 곧 마음을 돌보는 일이다. 신체는 우리의 감정을 담아내고 변화시키는 그릇이다. 이 그릇을 잘 관리하면 당신의 감정 역시 평온과 활력을 되찾을 것이다. 일관된 몸의 단련은 자연스럽게 감정의 단련으로 이어진다.

엄마 감정이 바뀌면
가족 분위기가 바뀐다

관계의 회복

엄마가 감정을 다루면, 부부관계가 좋아진다

부부관계 전문가 존 가트맨은 "부모가 자녀에게 어떤 말을 하느냐보다 서로를 어떻게 대하느냐가 훨씬 더 깊이 각인된다."라고 강조했다. 엄마와 아빠가 주고받는 말투, 감정 표현, 갈등을 다루는 방식은 그대로 아이의 관계 방식이 되기 쉽다. 말로 가르치지 않아도 부모의 일상은 아이에게 관계 교과서가 된다. 그 교과서는 자녀가 성인이 되어 가정을 꾸릴 때 무의식적으로 펼쳐진다. 그렇기에 자녀 교육보다 먼저 부부관계에 공을 들여야 한다. 서로를 존중하고 배려하는 모습을 보여주는 것만으로도 아이의 정서는 편안해지고 사람을 대하는 기본 태도 역시 건강하게 형성된다.

또한 배우자와의 관계는 자신의 행복에 직접적인 영향을 미친다. 관계의 책임은 언제나 양쪽에 있으며 그중 절반은 나에게 있는 것이다. 상대가 얼마나 이해하기 어려운 사람인지와는 별개로, 관계는 상호작용 속에서 만들어진다. 내가 배우자를 불편하게 여기기 시작하면 상대도 나를 같은 시선으로 바라보게 된다. 불만스러운 감정이 반복되면 삶 전체의 에너지가 떨어진다. 그래서 나 자신과 가족 모두의 정서적 안정을 위해 부부관계를 돌아보고 개선하려는 노력이 필요하다.

특히 엄마의 감정 조절 능력은 부부관계의 질을 결정하는 핵심 요인이다. 13년에 걸친 장기 종단 연구에서 중년 부부(40~50세)와 노년 부부(60~70세)를 대상으로 흥미로운 사실이 밝혀졌다. 이 연구는 부부가 결혼 생활의 갈등 영역을 토론하는 동안, 아내가 부정적 감정이 일어난 후 얼마나 빨리 그 감정의 징후들(감정적 경험, 행동, 각성)을 줄이는지를 측정했다.

연구 결과, 아내가 부정적 감정의 경험과 행동을 효과적으로 하향 조절할수록 부부 모두의 현재 결혼 만족도가 높았으며 시간이 지남에 따라 아내 본인의 결혼 만족도 역시 지속적으로 향상되는 궤적을 보였다. 더 놀라운 점은 아내의 감정 조절 능력이 부부 만족도에 미치는 영향이 남편의 감정 조절보다 컸다는 사실이다. 남편의 부정적 감정 하향 조절과 배우자의 결혼 만족도 사이에는 최소한의 관계만이 발견되었다.

행복한 부부관계를 고민할 때 우리는 흔히 상대의 고칠 점을 먼저 떠올린다. 배우자의 어떤 습관만 바뀌면 관계가 나아질 거라고 믿지만, 그 습관을 고치려 할수록 오히려 그 부분이 더 도드라져 보이기 쉽다. 결국 나의 과도한 집중은 상대의 결점을 더 강하게 각인시키고 상대를 더욱 방어하게 만든다. 그렇다면 변화하지 않는 상대를 어떻게 대해야 할까? 방법은 의외로 단순하다. 내가 바뀌면 된다. '소는 물가에 끌고 갈 수는 있어도, 물을 마시게 할 수는 없다.'라는 말처럼, 우리는 타인의 의지나 감정을 바꿀 수 없다. 결국 변화시킬 수 있는 유일한 대상은 나 자신뿐이다.

우리는 종종 "배우자가 그렇게 행동하지 않았더라면, 내가 이렇게 힘들진 않았을 거예요."라고 말하기도 한다. 하지만 이런 생각은 자신의 감정을 타인의 행동에 맡기는 것과 같다. 상대가 변하지 않는 한 나는 계속 힘들 수밖에 없다는 전제를 스스로 만드는 셈이다.

이 방식은 너무 피로하고 수동적이다. 내가 행복하기 위해 누군가가 바뀌어야 한다면 내 감정의 리모컨을 늘 타인에게 쥐여주는 셈이다. 그래서 질문을 바꿔야 한다. '저 사람은 왜 저렇게 행동할까?'에서 '나는 왜 그 행동에 이렇게 반응하는 걸까?'로...

앞서 언급한 연구에서도 드러나듯, 갈등 상황에서 부정적 감정을 빠르게 조절할 수 있는 사람일수록 건설적인 의사소통을 하며 이것이 장기적으로 관계 만족도를 높이는 경로가 된다. 그렇게 생각하는 순간, 감정의 주도권이 다시 내 손으로 돌아온다.

많은 부부가 갈등을 겪는 이유는 기대 때문이다. 배우자가 더 자상했으면, 감정을 잘 표현했으면 하는 바람이 쌓일수록, 지금의 상대는 점점 부족하게 느껴진다.

'있는 그대로 인정한다.'라는 것은 그 사람의 방식이 나와 다를 뿐임을 인정하고, 기대와 다르다고 해서 평가하거나 통제하지 않으려는 태도다. 이는 인본주의 심리학자 칼 로저스(Carl Rogers)가 강조한 '무조건적 긍정적 존중(unconditional positive regard)'의 개념과도 깊이 맞닿아 있다. 로저스는 1940년대부터 내담자 중심 치료를 개척하면서 사람이 판단이나 조건 없이 있는 그대로 수용될 때 진정한 심리적 성장이 가능하다고 보았다.

무조건적 긍정적 존중이란 상대방이 무엇을 말하고 느끼고 행동하든 그 사람을 기본적으로 받아들이고 지지하는 것을 의미한다. 로저스는 이러한 무조건적 수용이 상담 장면에서뿐 아니라 일상의 모든 관계 특히 부부관계와 부모·자녀 관계에서 자기 수용과 자기애를 촉진하여 긍정적 변화를 끌어낸다고 믿었다. 무조건적으로 수용 받는 경험은 사람이 자신의 진정한 모습을 드러내고, 실수를 두려워하지 않으며, 자연스럽게 성장할 수 있는 환경을 만들어 준다.

이렇게 시선을 바꾸는 순간, 불필요한 감정 소모는 줄어들고 가족에게 다름을 존중하는 태도를 자연스럽게 보여줄 수 있다. 건강한 관계의 출발점은, 언제나 내가 먼저 할 수 있는 일을 실천하는 데 있다.

상대의 도움이 필요하다면 불만을 느끼기 전에 먼저 상황을 정중하고 구체적으로 설명하며 요청해야 한다. 그리고 요청에는 언제나 거절이 포함될 수 있다는 사실 역시 받아들여야 한다. 명확한 표현이 훨씬 효과적이다. 예를 들어, 남편이 육아에 더 적극적으로 참여하길 바란다면 "육아에 신경 좀 써"라는 포괄적인 말보다는 "오늘 오는 길에 아이가 좋아하는 사과를 사다 줄 수 있을까?"처럼 구체적인 행동을 요청하는 것이 훨씬 실현 가능성이 높다. 이렇게 명확하고 구체적으로 소통하는 것은, 특히 육아와 가사 분담에서 더욱 중요하다.

실제로 가트맨 부부의 연구에 따르면 육아와 가사 업무의 책임을 공평하게 나누는 부부가 그렇지 않은 부부보다 훨씬 강하고 회복력 있는 관계를 유지하는 것으로 나타났다. 특히 부모가 되는 전환기를 연구한 결과, 부부 약 67%가 첫 자녀 출산 후 관계 만족도가 하락하는데 이는 주로 새로운 책임의 압도적인 특성, 수면 부족으로 인한 피로, 그리고 친밀감과 연결을 위한 시간을 찾기 어려운 도전 때문이었다. 그러나 양육과 가사를 우리의 일로 인식하고 함께 나누는 부부는 이러한 어려움 속에서도 관계의 질을 유지하거나 오히려 향상시켰다.

이때 중요한 것은 단순히 일을 분담하는 것이 아니라 서로가 동등한 파트너로서 함께 가정을 꾸려간다는 인식을 공유하는 것이다. 한쪽이 일방적으로 희생하거나 책임을 떠안는 구조에서는 불만과 피로가 쌓일 수밖에 없다. 하지만 양육과 가사를 공평하게 나눌 때, 부부는 서로를 지지하는 팀으로 기능하게 되고, 이는 관계의 만족도와 안정성을 크게 높인다.

남편이 가사 분담을 하지 않을 거라고 먼저 단정 짓지 말고 함께하기를 권유해 보자. 물론 쉽지 않다. 나 역시 맞벌이를 하면서 퇴근 후 저녁 준비, 아이 숙제, 집 정리를 혼자 하느라 밤 10시가 넘어서야 쉴 수 있었다. 남편에게 학원 등원을 부탁했지만 거절당했고, "선뜻 도와주지 않을 거야"라는 생각에 더 이상 요청하지 못했다. 하지만 나는 포기하지 않고 매일 내 마음을 표현했다. "퇴근하자마자 저녁 차리는 게 너무 힘들어. 여유가 없어." "저녁 때문에 일을 그만두고 싶어." 때로는 일기로 써서 남편에게 공유하기도 했다. 나는 꾸준함이 무엇인지 아는 사람이다.

그러던 어느 날, 남편이 "저녁은 내가 할게."라고 말했고 나는 즉각적으로 "알았어"라고 답했다. 남편이 저녁을 차리는 날, 나는 아이와 여유 있게 숙제하고 함께 놀 시간이 생겼다. 남편이 물었다. "내가 저녁 하니까 어때?" "여보, 고마운 걸 넘어서 삶의 질이 달라졌어!" 남편은 만족한 표정으로 환하게 웃었다. 한 번만 부탁하는 것이 아니라, 될 때까지 하는 것이다. 혹시 저녁 차리기가 어려운 남편이라면? 걱정하지 말자. 다른 집안일은 얼마든지 있다.

우리가 배우자의 단점이라 여기는 성향 중 상당수는 사실 그 사람의 장점과도 맞닿아 있다. 말수가 적고 감정 표현이 서툰 사람은 신중하고 쉽게 흔들리지 않는 사람일 수 있다. 고집이 센 사람은 책임감 있고 원칙을 지키는 사람일 수 있다. 이처럼 장단점은 해석에 따라 언제든 달리 보일 수 있는 유동적인 특성이다.

사실 배우자를 해석하는 것도 결국 나의 기준이다. 상대를 바라보는 해석은 나의 자아에서 비롯된다. 자신을 사랑하고 존중하며 자기 신뢰가 있는 사람은 배우자의 못마땅한 모습에도 쉽게 흔들리지 않는다. 어쩌면 그것은 자신에게 스스로 채워주지 못한 것을 배우자가 대신 채워주기를 기대하기 때문일지도 모른다. 하지만 자신을 진심으로 사랑하는 사람은 상대의 부족한 모습도 여유 있게 받아들일 수 있다.

2 엄마의 거리두기가 가족을 건강하게 만든다

엄마들은 아이의 학업, 친구 관계, 정서 상태까지 세심하게 챙기는 것이 좋은 양육이라고 생각하기 쉽다. 하지만 심리학 연구들은 오히려 흥미로운 결과를 보여준다. 적정한 심리적 거리두기를 실천하는 가정의 자녀들이 오히려 더 높은 자율성과 정서 안정감을 나타낸다는 것이다.

가족 간 적절한 거리두기는 단순한 물러남이 아니라 각 가족 구성원이 자신의 삶을 주도적으로 살아갈 수 있도록 하는 심리적 환경을 만드는 것이다. 가족의 행복과 회복력, 자율성이 가까움과 거리두기라는 두 축의 균형을 통해 달성된다고 설명한다.

가족이란 서로 다른 삶이 만나 교차하는 공간이므로 모든 시련과 갈등, 기쁨을 엄마 혼자 끌어안을 필요는 없다. 오늘날 양육의 관점에서 보면, 거리두기는 책임감 있는 부모라면 배워야 할 중요한 기술이 되고 있다.

심리학자 에드워드 데시와 리처드 라이언이 개발한 자결 이론은 인간의 기본 심리 욕구를 세 가지로 설명한다. 능력감, 관계감, 그리고 자율성이다. 특히 자율성이 존중받을 때 사람들은 내재적 동기가 높아지고 심리적 안정감을 경험한다. 여기서 자율성은 스스로 선택하고 결정하는 힘을, 유능감은 자기가 할 수 있다는 믿음을, 관계성은 타인과 긍정적 관계를 맺는 경험을 의미한다. 이 세 가지가 함께 작용할 때 자녀의 진로 목표와 삶의 방향을 분명히 세우고 자기효능감이 배가되는 등 미래 준비 역량이 커진다.

엄마가 자녀의 결정 과정에 개입하지 않고 자율성 지지를 제공할 때, 아이는 자신의 선택에 책임을 느끼고 진정한 성장을 이룬다. 반대로 엄마가 모든 것을 결정해 주면 아이는 외재적 보상이나 처벌에만 반응하게 되어 자신의 삶에 주도성을 잃는다. 이는 단순히 학업 성적뿐 아니라 정서 조절, 대인관계, 스트레스 대처 능력까지 영향을 미친다.

실제로 서울 및 수도권 중학생 1,020명을 대상으로 조사한 연구에 의하면, 부모가 자녀의 선택을 존중하고 자율성을 지지할수록 진로 성숙도가 높아진다는 결과가 도출되었다. 청소년 내담자의 상담 성공 요인도 자신의 욕구와 문제를 파악하고 자기 목표를 설정하며, 실천 행동을 주도적으로 할 때 가장 긍정적으로 나타났다.

우리나라 청소년들은 입시 중심의 교육 체계 속에서 학업에 몰두해야 하는 시간이 길다. 그 결과 정체성을 탐색해야 할 청소년기를 제대로 경험하지 못하고, 대학생이 되거나 사회에 나가서야 비로소 '나는 누구인가'라는 질문을 마주하게 된다. 직장을 구하고 독립된 생활을 시작하면서 처음으로 가족 밖의 세상을 경험하게 되는데, 이때 그동안 당연하다고 믿었던 가치들이 사실, 자신의 가족 내에서만 당연했던 것임을 깨닫는다.

부모가 정해준 규칙과 기준이 절대적이지 않다는 것을 알게 되면서, 어떤 것은 받아들이고 어떤 것은 거부하는 과정을 거친다. 이 시행착오와 갈등의 과정이 사실은 건강한 독립을 향한 필수적인 여정이다.

이 시기를 조화롭게 보내려면 청소년기부터의 준비가 중요하다. 부모가 조기에 자녀의 자율성을 존중하고 거리두기를 실천한다면, 자녀는 성인이 되었을 때 극심한 정체성 갈등을 겪지 않을 수 있다. 오히려 청소년 시절부터 자신의 선택과 결정을 경험하면서 자연스럽게 나라는 사람을 만들어가게 되는 것이다. 가족과 다른 자신의 가치관, 자신에게 편한 생활 방식 등을 찾으면서 건강하게 개인화 과정을 거치게 된다. 이것이 바로 거리두기가 만드는 긍정적인 결과다.

선택지 제시와 결정 양보 기법을 시작해 보자. 자녀에게 일방적으로 지시하기보다는 선택의 여지를 남겨둔다. 아이가 자신의 의견을 말할 기회 자체가 중요하다. 자율성 지지 이론에 따르면, 이렇게 선택지를 받은 아이들은 같은 활동을 하더라도 더 높은 만족감과 내재적 동기를 보인다.

다음으로 감정 인정에 머물러 보자. 아이가 힘들어할 때 바로 해결책을 주려고 하기보다는, 먼저 그 감정을 받아주는 것으로도 충분하다. "힘들었겠네" 정도의 공감이면 된다. 부모가 아이의 감정을 먼저 인정하면, 아이는 자신의 감정이 유효하다는 것을 배우고, 그것을 다루는 법도 자연스럽게 익힌다. 연구 결과 부모의 감정 인정이 있을 때, 아이의 정서 지능이 현저히 향상된다.

결과 경험하기 전략도 있다. 모든 것을 다 미리 챙겨주지 않고 아이가 실수하면서 그 결과를 겪도록 허용한다. 자신의 경험으로 직접 배우게 되는 것이다. 이는 처벌이 아니라 자연스러운 결과를 통한 학습이다.

아들러 심리학에서도 강조하는 이 방식은 아이에게 내재적 책임감을 키워준다. 아이가 자신의 문제를 풀어나가도록 기다려주는 것이다. 학교 친구와 싸웠을 때, 숙제가 밀렸을 때, 선택을 해야 할 때 아이의 생각을 먼저 들어본다. 너는 어떻게 해결하고 싶어?라는 단순한 질문이 아이의 뇌를 활성화하고 스스로 사고하는 능력을 키운다. 자율성 지지를 받은 아이들은 나중에 어른이 되어서도 문제 상황에 더 현명하게 대처한다.

가족 모두의 자율성을 존중하려면 엄마 자신의 에너지 경계도 명확해야 한다. '엄마는 쉬는 시간이 필요해'라고 솔직하게 표현하는 것이 좋다. 이는 아이에게 엄마도 한 명의 사람이며, 자신의 감정과 필요가 있다는 것을 자연스럽게 보여주는 것이다. 결국 서로의 자율성을 존중한다는 메시지를 전하는 셈이다.

자율성을 지지받은 아이들은 단순히 독립적이기만 한 게 아니다. 오히려 부모와 더 깊은 신뢰 관계를 형성한다. 아이는 "엄마는 나를 믿고 내 선택을 존중해 준다"라는 메시지를 받기 때문이다. 이런 신뢰 속에서 아이는 다시 엄마에게 기꺼이 마음을 연다.

거리두기는 일시적인 소외가 아니라 관계의 깊이를 더하는 전략이다. 부모가 자녀를 끝없이 지켜보거나, 배우자를 늘 간섭하고, 시댁과 모든 일에 관여할 때 가족 구성원 각자는 자신의 방식대로 문제를 해결하거나 감정을 처리할 기회를 거의 얻지 못한다.

오히려 엄마가 일정한 거리를 지키면서 기다려주는 용기를 반복하면, 가족 모두는 실패와 성공, 갈등과 화해 과정을 통해 자생력을 키우게 된다. 엄마가 학업에 지친 아이를 바로 도우려 하지 않고 "오늘 많이 힘들었나 봐." 정도로 아이의 감정을 인정하면 된다.

거리두기를 시작할 때 엄마들이 경험하는 불안은 자연스러운 반응이다. 아이를 도와주거나 조언이 필요하다고 느끼는 우려가 그것이다. 하지만 아이의 지난 경험을 돌아보자. 실수 속에서 배웠던 경험들, 스스로 문제를 해결했던 순간들이 있지 않은가. 이미 아이는 그런 경험을 통해 역량을 쌓아왔다. 따라서 '부족할 것 같다'라는 생각은 사실, 부모의 심리적 습관일 수 있다.

배우자에 대한 걱정도 마찬가지다. 남편이 직장에서 책임감 있게 일하고 있다면, 가정에서도 능력을 발휘할 수 있다고 신뢰하는 것에서 거리두기가 시작된다. 거리두기 초기에 느끼는 어색함은 정상이다. 뇌가 새로운 행동 패턴을 익숙하게 만드는 데는 오랜 시간이 걸리고 처음 몇 주간 불안한 마음이 드는 것은 변화가 일어나고 있다는 신호일 뿐이다. 이 기간을 견디면 아이의 변화와 남편의 책임 있는 행동이 서서히 보이기 시작한다. 불안할 때 개입하고 싶은 충동이 생기면, 그 감정을 억누르기보다 인정한다. '지금은 불안하지만 가족을 신뢰해 보자'라는 선택을 반복하는 것 자체가 거리두기의 실제 과정이다.

거리두기를 실천할 때 가장 중요한 것은 상황에 따라 유연하게 조절하는 것이다. 가족 내 심한 상실감이나 큰 위기 상황에서는 거리두기가 아닌 즉각적인 관심과 위로가 필요하다. 모든 거리두기는 관계의 온도와 상대의 감정 상태에 따라 부드럽게 조율되어야 한다.

과도한 거리두기는 오히려 가족 간 상호작용을 단절시킬 수 있으니, 대화 재개, 함께하는 시간 같은 연결의 신호를 통해 관계의 균형을 지속적으로 유지해야 한다. 가족 내에서 갈등이 생겼을 때, "이제 각자 생각을 정리해야 할 것 같아", "내일 다시 얘기해 보자" 정도로 제안하는 것만으로도 상대에게 충분한 여유를 줄 수 있다. 이러한 작은 배려와 신호들이 쌓이면, 가족 모두가 자신의 감정과 필요를 존중받는 심리적 주체로 성장하게 된다.

상황에 따라 응원자가 되기도 하고, 관찰자가 되기도 하며, 필요할 때 온화한 지지자가 되어주는 것이 필요하다. 이것이 바로 거리두기라는 양육 철학의 진정한 실행이다. 가족들이 서로 다른 관점을 존중하고 각자의 힘으로 문제를 풀어나가도록 기다려주는 엄마의 여유로운 거리, 그것이 만드는 사랑을 믿어보자. 심리적 거리두기는 단순한 육아 기법이 아니라, 우리 가족이 더욱 자기답게 성장해 나가는 방식 자체다. 그 여정이 시작되는 순간이 바로 지금이다.

3 가족 감정의 경계선을 지켜라

한국 사회는 오랜 기간 공동체 문화를 중요하게 여겨왔다. 두레, 품앗이, 향약 등 상호 협력의 방식은 사람들의 삶에 깊이 자리 잡았다. 이러한 문화적 배경은 따뜻하고 정감 있는 분위기를 형성했으며 이는 자연스레 가족 문화에도 영향을 미쳤다.

오늘날에도 우리는 식사 후 계산 문제를 두고 실랑이를 벌인다. 각자가 먹은 것을 따로 계산하는 방식에 어색함을 느낀다. 모두가 한자리에 모여 유사한 메뉴를 선택하며 개인의 메뉴 선택마저 서로에게 맞추는 것을 당연하게 여긴다. 개인의 감정이나 의견보다 집단의 소속감을 우선하는 경향이 여전히 강하게 나타난다.

이처럼 '함께'를 강조하는 한국 문화는 정서적 유대를 제공하지만 때로는 가족 간의 경계를 모호하게 만드는 요인이 된다. 가족이라는 이유로 많은 것을 공유하고 감정이나 생각까지도 나누어야 한다는 암묵적인 기대가 존재한다. '네 일이 곧 내 일'이라는 정서는 과도한 간섭이나 감정적인 개입으로 이어지며, 구성원 상호 간의 자율성과 감정의 경계가 쉽게 무너지는 계기가 된다.

이러한 가족 중심적 사고는 전통적인 '효' 문화와도 연관이 깊다. 부모를 공경하는 마음은 소중하나, 그 기저에는 자녀가 자신의 감정보다 부모의 기대를 우선시해야 한다는 분위기가 깔려 있다. 자녀는 자신의 욕구를 자연스럽게 표출하지 못하고 '훌륭한 자녀'가 되기 위해 부모의 감정에 지나치게 맞추는 태도를 무의식적으로 학습한다. 이처럼 감정적 독립이 충분히 이루어지지 않은 상태에서 성인이 된다면, 삶의 중요한 결정조차 스스로 내리지 못하고 부모의 판단에 의존하게 된다.

실제로 법정에서는 30대 자녀가 이혼 절차를 밟는 날에도 어머니와 동행하는 모습을 흔히 볼 수 있다. 자신의 결혼 생활을 정리하는 중대한 순간에도, 부모와의 심리적 거리가 확보되지 않은 것이다. 변호사 상담이나 재판 전 대기 시간에 자녀보다 어머니가 먼저 나서서 상황을 설명하고, 자녀는 옆에서 조용히 고개를 끄덕이는 모습은 감정적 경계의 부재를 명확히 보여준다.

감정을 함께 나누는 것과 감정을 대신해 주는 것은 분명히 다르다. 감정의 경계를 세운다는 것은 상호 간의 삶을 더욱 건강하게 바라보고 자립을 지지하자는 의미를 담고 있다. 가족 내에서도 감정의 분리와 경계는 필수적이다. 그래야만 진정한 독립이 가능하며 서로의 삶을 온전히 존중하는 관계로 발전할 수 있다.

가족치료 이론가인 머레이 보웬(Murray Bowen)은 가족을 하나의 정서적 단위로 파악하고, 가족 구성원 간의 '분화 수준(Differentiation of

Self)'이 낮을수록 서로의 감정과 사고에 쉽게 휘둘리며 경계가 모호한 상태에서 갈등이 발생하기 쉽다고 보았다.

분화 수준은 개인이 자신의 감정과 이성적 사고를 얼마나 분리하고 구분할 수 있는 능력을 의미한다. 분화 수준이 낮은 사람은 자신의 감정에 쉽게 압도되거나, 타인의 감정에 융합되어 객관적인 판단을 내리기 어려워하며 분화 수준이 높은 사람은 강한 정서적 압박 속에서도 자신의 가치와 신념에 따라 사고하고 행동하며 타인과의 친밀감을 유지하면서도 독립된 자아를 지켜낼 수 있다.

가족치료의 권위자 살바로드 미누친(Salvador Minuchin)은 가족 경계의 투과성에 따라 명확한 경계(Clear Boundaries), 경직된 경계(Rigid Boundaries), 밀착된 경계(Enmeshed Boundaries)로 나누었다.

겉보기에는 화목한 듯 보이는 밀착된 경계가 있다. 이들은 구성원 대부분이 동일한 의견을 공유하고 서로의 일상을 소상히 아는 경우이다. 이러한 가족은 마치 하나의 덩어리처럼 정서적으로 밀착된 경우가 많다. 애정이 넘치는 것처럼 보이지만, 지나친 관심은 오히려 개인의 감정과 자율성을 침해한다.

이렇게 경계가 밀착된 경우, 자신의 불편한 감정이나 부정적인 욕구를 솔직하게 표현하기 어려워질 수 있다. 나의 감정이 가족 전체의 분위기에 영향을 줄 수 있다는 두려움 때문에 입 밖에 내지 못하는 것이다. 이러한 가족 관계에서는 개인의 고유성이나 감정의 주권이 모호해진다. 가족 전체의 정서적 흐름이 개인보다 우선시되며 가족을 대표하는 감정이 개인의 감정을 압도하기도 한다. 자연스럽게 거절,

의견 제시, 자기 보호와 같은 기능도 약해진다.

한 학생은 "나는 엄마를 힘들게 하는 아빠가 늘 미웠다. 아빠는 나를 많이 사랑해 주는데도 말이다."라고 말한 적이 있다. 이처럼 가족이 지나치게 융합될 경우, 우리는 감정의 주체가 누구인지조차 인식하지 못한 채 살아갈 수 있다. 내가 느끼는 줄 알았던 감정이 실제로는 엄마의 감정일 수 있다는 것. 이것이 융합된 가족 구조가 가지는 본질이다.

반면 구성원 간에 경계가 너무 강해져 서로에게 무관심한 경직된 관계 역시 문제라고 보았다. 이러한 가족은 감정적으로 단절되어 있으며, 각자가 자신만의 영역에 갇혀 살아간다. 겉으로 보기에는 갈등이 없는 것처럼 보이지만, 실질적인 지지나 협력은 존재하지 않는다. 가족 중 누군가가 어려움을 겪을 때도 애정 어린 개입보다는 비난과 방관으로 반응할 가능성이 크다. 감정은 분리되어 있지만 관계는 단절된 상태에 놓인다.

그렇다면 건강한 가족 경계는 무엇인가? 각 구성원이 심리적으로 분화되어 있으면서도, 필요할 때 유연하게 연결되는 명확한 경계가 건강한 구조로 보았다. 가족 구성원 각각이 개별적으로 기능하면서도 서로의 삶을 지지하고 존중하는 방식이다. 이것이 경계가 선명하면서도 유연한 건강한 가족의 모습이다.

이러한 경계는 부부 사이에서도 매우 중요한 요소이다. 흔히 부부는 취미가 같으면 좋다고 말한다. 함께 경험하며 공감대를 형성하기에 유리하기 때문이다. 취미가 다르다면 각자의 시간을 인정하고 서로의 취미를 존중해 주는 것이 바람직하다. 그렇게 되면 남편의 취미, 아내의 취미에 굳이 간섭하지 않아도 된다. 자신의 감정과 취향을 지키며 서로를 존중하는 태도는 부부관계를 더욱 견고하게 만든다. 상대방의 취미까지 자신의 기준에 맞추려고 시도할 필요는 없다. 부부의 경계를 존중할수록 서로의 자율성은 증진되고, 감정적인 의존은 감소하며, 더 깊은 존중과 유대가 가능해지는 것이다.

상담을 진행하다 보면 많은 자녀들이 "엄마가 하지 말라고 했어요.", "엄마가 이것을 하라고 했어요."라고 말하곤 한다. 방과 후 활동, 용돈 금액, 친구 관계, 심지어 자녀의 감정까지도 엄마가 대신 결정하려는 태도를 보인다. 물론 자녀가 아직 미성년자이기 때문에 삶의 여러 영역에서 부모의 보호와 안내가 필요한 시기임은 분명하다. 그러나 그것이 자녀의 선택권을 박탈해도 된다는 의미는 아니다.

자녀는 아직 어리지만 하나의 독립된 인격체이다. 부모는 모든 것을 정해주는 사람이 아니라 함께 생각하고 자녀 스스로 선택해 볼 수 있도록 도와주는 역할을 해야 한다.

자녀에게 감정의 주도권을 돌려주는 연습이 필요하다. "너는 어떻게 느끼니?", "너라면 어떻게 하고 싶니?"라고 질문하는 것부터 시작할 수 있다. 그리고 아이의 말에 진심으로 귀 기울여야 한다. 아이가 아직 어리고 미숙하더라도 결정의 순간마다 스스로 생각하고 선택할 수 있도록 이끌어주는 것이 부모의 본질적인 역할인 것이다.

자녀가 해야 할 일들을 대신 처리하며 모든 것을 척척 해내는 엄마가 반드시 좋은 엄마는 아니다. 처음에는 사랑으로 시작했더라도, 시간이 지날수록 지치는 것은 결국 엄마 자신이다. 가족 모두를 위해 헌신하지만 정작 엄마 자신의 마음은 점점 소진된다. 자신의 감정과 역할을 분명히 구분하고 지킬 수 있어야, 가족도 각자의 몫을 배우며 함께 성장할 수 있다.

가족 간의 건강한 경계는 자율적이고 분화된 개인을 형성한다. 그렇게 각자의 삶을 주체적으로 살아가는 사람들이 모여 서로 애정을 주고받을 때 따뜻하고 안정적인 가족이 완성되는 것이다.

우리가 수행해야 할 과제는 자신이 원가족이나 현재의 직계가족과 어느 정도 정서적으로 융합되어 있는지, 그리고 어느 정도 분리되어 있는지를 객관적으로 인식해 보는 것이다. 익숙한 가족이라는 울타리 안에 머무를 때는 자신의 위치를 냉정하게 인식하기가 쉽지 않다. 따라서 의식적으로 한 걸음 물러나 관찰자의 시선으로 가족 관계를 깊이 들여다보는 연습이 필요하다. 자신조차 지켜내지 못한 채 가족의 안위만을 최우선으로 한다면, 그 가정은 결코 뿌리 깊은 행복에 도달할 수 없을 것이다.

진정한 사랑은 '나'를 지켜내는 힘에서 비롯된다. 가족과 '나' 사이의 경계를 명확하게 인식해야 한다. 서로의 삶에 자유롭게 드나들 수 있으면서도, 투명하고 단단한 경계를 둬야 한다는 뜻이다. 이제 가족 구성원 각자가 독립된 자아를 바탕으로 서로 존중하며 우리 가족에게 어울리는 건강한 경계를 확립하는 실천 방안을 구체적으로 모색해 보자.

나를 먼저 이해하면
가족을 인정할 수 있다

자신에게 만족하는 마음이 가족을 진정으로 인정하고 이해하는 관계의 여유를 만들어낸다. 많은 이들이 가족과의 갈등 속에서 서로 변화시키려 애쓴다. 하지만 이 문제의 근원에는 자신에 대한 불만족이 놓여 있다. 자신을 이해하지 못하고 만족하지 못할 때, 우리 마음속에는 불안과 결핍이 자리 잡게 된다. 이 부족한 마음은 마치 바싹 마른 땅과 같아서, 아주 작은 자극에도 쉽게 흔들리고 갈라지기 마련이다. 이 상태에 머물게 되면, 우리는 상대를 있는 그대로 보지 못한다. 대신 내 안의 불만을 남에게서 찾으려고 하고 이로 인해 많은 상황을 왜곡하여 받아들이는 결과가 발생한다.

심리학에서 자기 이해는 나라는 사람의 모든 것을 알아가는 과정으로 본다. 단순히 내가 무엇을 좋아하고 싫어하는지 아는 것을 넘어, 내 마음이 왜 그렇게 움직이는지를 깊이 파고드는 것이다.

내가 가진 성격, 습관, 감정, 강점, 약점 같은 나의 모든 내적 특성을 솔직하게 파악하는 데서 시작한다. 내가 왜 특정한 상황에서 불안을 느끼거나 분노하는지 그 근본적인 이유를 알아내는 일이 포함된다.

더 나아가 이런 나의 특성들이 다른 사람들과의 관계나 외부적 상황에 부딪힐 때 어떻게 반응하며 어떤 영향을 미치는지를 깨닫는 것이다. 이 모든 깨달음은 한 번에 끝나는 것이 아니다. 나를 받아들이고 더 나은 방향으로 성장하기 위해 평생에 걸쳐 꾸준히 노력하는 과정인 셈이다. 결국 자기 이해는 나를 객관적으로 알고 타인과의 관계를 원만하게 맺으며 심리적으로 건강하게 살기 위한 가장 중요한 바탕을 마련한다.

이것이야말로 마음이 편안한 사람으로서 성장하는 가장 근본적인 토대가 된다. 심리학자 윌리엄 제임스는 사람이 자신의 경험을 정리하고 해석하는 주관적인 '나(행동하는 '나')'와, 남들에게 보이는 객관적인 '나(보이는 '나')'로 나누어 설명한 바 있다.

자기 이해는 바로 이 두 가지 '나'를 모두 아는 것이다. 자기 이해가 부족하면 우리는 마치 뿌옇고 얼룩진 렌즈로 세상을 보는 것과 같다. 가족 구성원의 말과 행동을 있는 그대로 받아들이지 못하고, 내 속의 불안과 불만이라는 얼룩을 통해 뒤틀린 모습으로 해석한다. 이렇게 왜곡하는 태도는 모든 상황을 오직 나를 중심에 놓고 생각하는 자기중심성을 만들어낸다.

자기중심성은 내가 느끼는 불만을 가족의 탓이라고 생각하게끔 만든다. 더 나아가 내가 원하는 대로 가족이 행동하기를 기대하게 된다. 이는 가족을 나의 감정적 필요를 채워주는 수단으로 여기는 태도로 이어지고 관계에 균열을 일으키는 요인이 된다.

자신의 삶이나 모습에 만족하지 못하는 마음이 커질수록, 부정적인 감정은 가장 가까운 가족에게 투사되기 마련이다. '나는 왜 내 자신을 인정하지 못하는가?' 하는 내면의 생각은 '왜 가족은 나의 기대와 요구를 충족시켜 주지 않는가?' 하는 외부 대상에 대한 원망으로 전환되는 것이다.

자기 이해는 이 악순환의 고리를 끊어주는 역할을 한다. 자신을 인정하고 스스로 존중하게 되면, 가족에게 불평하는 대신 주체적으로 문제를 해결하려고 노력하게 된다.

나를 이해하는 노력은 가족을 수용하는 심리적 다리 역할을 수행한다. 자신을 이해하는 일은 단순히 나를 아는 것에 그치지 않고, 가족을 진정으로 수용할 힘을 길러준다. 이 과정에서 중요한 세 가지 심리적 요소가 작용하게 된다.

첫째, 정서 조절과 문제 해결 능력이 향상된다. 감정적 방아쇠와 그 반응을 객관적으로 파악한다. 내가 왜 화났는지 알기에 감정에 휩쓸리지 않고 스스로 통제가 가능해진다. 이는 가족 갈등 시 습관적인 공격이나 회피를 멈추게 한다. 대신 문제 자체에 집중하여 침착하고 현실적으로 대처할 힘이 생긴다.

둘째, 정서적 경계와 명확한 의사소통이 가능해진다. 타인의 감정적 짐을 짊어지지 않고 나만의 영역을 지킬 수 있다. 자신이 불편해하는 지점을 알기에 가족에게 불필요한 죄책감을 주거나 받지 않으려 노력한다. 또한 비난 대신 자신의 감정에 초점을 둔 '나(I) 진술'을 사용해 감정을 책임감 있게 전달하는 법을 배운다. 이러한 소통은 감정적인 모호함을 줄이고 가족 간의 신뢰를 강화해 준다.

셋째, 자율성과 관계적 독립성이 확립된다. 나의 책임과 가족의 책임을 구분하고, 정서적 거리 조절을 위한 현실적인 경계를 설정하는 일이 필수적이다. 맹목적인 융합이나 반발을 피하고 나만의 생각과 가치를 지키는 능력이다. 이 능력이 있으면 가족의 정서에 휘둘리지 않고 객관적인 판단을 유지한다. 덕분에 가족을 사랑하면서도 나의 정체성을 확고히 지킬 수 있게 되는 것이다.

부모들은 자녀가 사춘기에 접어들며 갑자기 변하여 이전에는 본 적 없는 모습을 보여줄 때 불안함을 느낀다. 혹시라도 아이가 잘못된 길로 가지 않을까, 하는 걱정이 앞선다. 하지만 아이들은 아이들 나름대로 성장통인 시절을 보내는 중이다.

부모가 자녀의 독립적인 자아 확립 시기를 이해하지 못하고 조언을 쏟아 내거나, 특별히 더 잘해 주려고 애쓸 때 아이들은 오히려 부모와의 관계에서 더욱 비딱한 태도를 보이기 쉽다. 이럴 때는 자율성과 관계적 독립성을 부모 스스로 실천하는 것이 중요하다. 자녀를 향한 사랑하는 마음과 관심은 그대로 유지하되, 자녀를 지켜보는 자세를 취해야 한다. 자녀가 도움을 명확히 요구할 때, 필요한 도움을 제공하면 되는 것이다. 이것이야말로 부모가 자녀의 성장 과정에 건강하게 개입하는 최소한의 도리가 된다.

가족 관계에는 우리가 바꿀 수 없는 현실들이 존재한다. 부모님의 성격, 형제자매의 습관 등 나에게 실망을 안겨주는 가족의 모습들 말이다. 이때 필요한 것이 바로 급진적 수용이다. 급진적 수용은 현실을 바꾸려고 저항하거나 분노하는 대신, 불편하더라도 있는 그대로의 현실을 온전히 받아들이는 마음가짐이다.

이는 가족의 마음에 들지 않는 행동을 묵인하라는 뜻이 아니다. 가족을 변화시키려 노력하는 데서 오는 불필요한 애씀을 멈추고 나의 마음을 평화롭게 만드는 선택이다. 나를 먼저 이해하고 나의 한계와 감정을 온전히 받아들이는 연습을 하면, 가족 구성원의 성향을 받아들이는 것이 훨씬 쉬워진다. 가족에게 끊임없이 기대하고 실망하는 악순환에서 벗어나, 그들의 부족한 점까지도 이해하고 포용하게 된다. 그 결과 우리는 더 이상 가족에게 불만을 쏟아내기보다 가족과 함께 만들어갈 수 있는 긍정적인 방향을 찾아 나서게 된다.

잦은 다툼으로 힘들었다면 '대화 방식에 문제가 있었다.'는 사실을 인정하고 대화의 방향성을 바꿔보는 것이 중요하다. 여기에서도 대화의 방향을 바꾸기 위해 상대를 설득하려고 애쓰기보다 자신이 직접 변하는 것이 가장 빠른 방법이다. 자신이 방향을 바꾸면 상대방은 자연스럽게 따라오게 되어 있기 때문이다.

가족을 인정하는 일은 그들을 바꾸는 것이 아니라 나를 이해하는 깊이만큼 시야를 넓히는 일이다. 자기 이해가 깊어질수록 가족은 더 이상 문제의 대상이 아니라 함께 성장할 동반자가 된다.

5 시어머니를 내 편으로 만드는 감정 기술

명절이 다가올수록 며느리 마음엔 서늘한 그림자가 드리운다. 뉴스에선 명절 후 이혼율 급증이라는 타이틀이 붙고, SNS 곳곳에 쌓인 고충은 며느리의 명절=스트레스라는 등식을 낳았다. 실제 통계 자료를 보면 설, 추석 이후 부부싸움, 이혼 상담이 많이 늘어난다고 한다.

상담 현장에서 만난 엄마들의 이야기는 극과 극이다. 한 엄마는 시댁 식구들과 가까운 곳에 살아서 길에서 마주칠까 봐 마스크와 모자를 눌러쓰고 다닌다고 했다. 연락은 끊은 지 오래였다. 반면 다른 엄마는 남편이 속을 썩일 때마다 시부모님께서 마음을 알아주기 때문에 그나마 버틴다고 말했다.

서로의 기대와 경험에 따라 고부 관계는 천차만별이 된다. 하지만 조금만 천천히 돌아보면 우리는 누군가의 며느리였고 언젠가는 또 시어머니가 될 운명이다. 결국 가장 바라는 건 내 마음을 알아주고 서로 손 내밀며 진심을 주고받는 일 아닐까.

한국 가족 문화는 유독 얽힘이 깊다. 오랫동안 유교의 전통이 며느리는 효를 실천하는 존재로 만들었고, 1980~1990년대까지만 해도 명절에 시댁을 찾지 않는 며느리는 법적으로도 불이익을 받을 수 있었다.

당시 가부장적 호주제와 민법의 악의의 유기 조항은 며느리의 명절 불참을 이혼 소송 시 혼인 파탄의 이유로 삼을 수 있는 근거를 제공했기 때문이다. 법이 전통적인 가족 의무를 간접적으로 강제하며 역할 갈등을 심화시킨 것이다. 가족 내 세대 갈등 경험 비율이 33%, 고부 갈등이 28%에 달할 만큼 가족 내에서 세대와 역할 충돌이 반복된다. 이러한 얽힘은 우리 가족의 숙명처럼 남아 있다.

시어머니와의 갈등은 어쩌면 피할 수 없는 시대적 충돌일지도 모른다. 시집간다는 말에는 여성이 남편의 가족 체계 속으로 편입된다는 의미가 담겨 있고, 장가간다는 말에는 남성이 자신의 가정을 새롭게 구성한다는 의미가 담겨 있다. 이러한 언어적 차이에서 보듯, 며느리는 이미 형성된 가족 내로 들어가는 외부자로서 관계를 시작하는 경우가 많다.

이전 세대의 시어머니들은 가부장적 구조 속에서 희생을 감내하며 시집살이를 경험했다. 자신의 의견보다 가족을 우선시했고 개인의 자아보다는 아내와 어머니로서의 책임에 집중했다. 하지만 지금의 며느리 세대는 여성의 사회 진출이 확대되고 맞벌이가 일상화되면서 수평적 상호작용인 관계를 기대한다. 시어머니는 여전히 며느리가 자신을 존중하고 아들을 잘 챙기기를 바라지만 며느리는 육아도 부부가 공동으로 책임져야 할 몫이라 생각하는 것이다.

이러한 역할 기대의 불일치는 서로에게 깊은 감정적 소외를 안긴다. 시어머니의 가정 내 권력은 낮아진 반면 역할은 더 많아졌다. 육아 지원을 해주고도 서운한 소리를 듣는 순간, 시어머니 입장에서는 억울함과 실망이 몰려올 수 있다.

한 시어머니가 온라인 커뮤니티에 며느리 모시기의 어려움을 올렸다. 반응은 '서로를 왜 모셔야 하나요. 각자 독립적으로 지내면서 정중함만 갖추면 되는 것 아닌가'라는 의견이 주를 이뤘다. 이처럼 시어머니 세대 역시 기존의 역할과 권위가 사라진 상황에서 정체성의 혼란을 겪고 있다는 것을 보여준다. 결국 양쪽 모두 각자의 상처와 기대로 인해 상대방을 온전히 이해하지 못하는 감정의 안경을 쓴 채 관계를 시작하는 셈이다.

심리학자 토마스 고든은 감정은 해석의 산물이라고 했다. 똑같은 말이어도 각자 쓴 감정의 안경에 따라 느낌이 달라진다. 친정엄마가 밥 좀 더 먹어, 이 말은 사랑처럼 들리지만, 시어머니라면 일 시키려는 건 아닌가.라는 생각이 들 수 있다. 명절 이혼 급증이라는 숫자 뒤에도 단순한 노동 분담이 아니라 감정의 곪음과 원활하지 않은 소통이 숨어 있다.

나 역시 결혼 초기에 시어머니와 축의금 문제로 마찰을 겪었다. 결혼식이 지난 지 2주가 흘러도 가지고 계신 남편의 축의금을 돌려 줄 기미가 보이지 않았다. 조심스러운 마음으로 남편에게 물었지만 명확한 답을 듣지 못했다. 며칠이 지나자 남편은 엄마가 안 주시려는 것 같아. 라고 했다. 답답함이 밀려와 다시 전화를 해보라고 종용하자, 남편은 어머니의 말을 전했다. 결혼하고 나서 살림을 이것저것 사 주셨잖아. 그게 축의금으로 대신한 거래. 그 순간 당황스러움을 넘어 선 배신감이 들었다. 살림 장만에 사용된 금액은 30만 원 남짓이었지 만, 축의금은 300만 원이 넘는 금액이었다. 만약 어머니께서 처음부 터 축의금을 주지 않을 것이라고 말했더라면 나는 받을 생각이 없었 을 것이다. 그러나 아무런 소통 없이 일방적으로 결정하시고 나중에 물건 몇 가지를 언급하며 그걸로 대신했다는 말은 내 입장에서는 섭 섭함을 넘어 무시당한 감정까지 들게 했다.

결국 어머님 댁을 찾았고 나는 억눌렸던 감정을 이야기했다. 나와 이야기하시던 중 어머님은 조용히 남편에게 물을 가져다 달라 하시 며 손이 떨리는 모습을 보이셨다. 그 모습에 순간 마음이 흔들렸지만, 이미 굳어진 감정들은 서로에게 날카로운 말들을 오고 가게 했다. 남 편은 그 상황에서 말없이 앉아있었다. 집에 돌아온 후에는 마음이 편 치 않았다. 기분이 좋지 않은 남편을 위해 저녁을 맛있게 차렸지만 남 편은 조용히 말했다. 당신이 아까 엄마한테 너무 따지듯 말하니까... 마음이 안 좋더라.

남에게 싫은 소리도 잘 못하는 나인데, 그날만큼은 딱딱하게 나오 는 목소리에 나 스스로도 놀랐다. 결국 남편은 축의금 중 일부를 받아 왔지만, 마음은 개운치 않았다. 내가 가서 어머니께 그렇게 말한 게 이제 와 무엇이 남았나 싶다. 그 순간에는 그 문제가 중요해 보였지만 그 돈은 어디에 썼는지 기억조차 나질 않는다.

결혼 후 5년쯤 되었을 무렵, 관계의 변화가 시작됐다. 결혼 초에는 남편도, 어머니도 나에게 바라는 것이 많았다. 남편은 어머니께 자주 전화하기를 바랐고, 어머니는 아들에게 이것저것 부탁하시곤 했다. 그렇게 시간이 흘렀다.

어느 날 어머님은 이제 너희만 행복하게 잘 살면 된다며 더 이상 전화하지 않아도 된다고 하셨다. 한때는 어머님께 남편의 흉을 보며 내 편을 들어달라고 하기도 했지만, 자신의 아들 흉을 듣는 어머니의 마음이 편치 않으리라는 것을 깨달았다. 남편과의 갈등은 내가 주도적으로 풀어야 할 문제였지, 시어머니께 투사할 일은 아니었다. 이런 깨달음을 얻고 나니 억지로 잘해야 한다는 부담감이 사라졌고, 관계는 오히려 더 자연스럽고 편안해졌다. 진심이 오가는 것을 느낄 수 있게 된 것이다.

서로에게 바라는 것이 많아지면 피곤해진다. 전화를 자주해야 하고 한 달에 몇 번은 와야 하고 명절에도 꼭 와야 한다고 하면 실제의 마음보다 행동이 더 중요하게 여겨진다. 물론 전화도 자주 드리고 자주 찾아가면 행동에 의해 마음도 달라지지만 마음 없는 의무적으로만 하는 행동은 서로에게 의미가 없다. 각자 잘 살아가는 것이 서로가 편해지는 길이다.

관계는 한 사람의 진심이 얼마나 담겼느냐에 따라 다른 방향으로 흘러갈 수 있다. 어쩌면 시어머니도 그 어려웠던 시절, 말 못할 고생을 견디며 당신의 남편을 키워낸 사람일 것이다. 나와 시어머니는 다르지 않다. 못난 한 남자를 오랫동안 품어온 여자들이라는 점에서 말이다.

　물론 어떤 시어머니는 진심으로 이해하기 어렵고 마음을 열기조차 어려운 경우도 있을 것이다. 그러나 하나 분명한 것은 아집과 주관적 해석의 틀 속에 갇힌 관계보다는 마음의 온기를 담은 관계가 결국은 내 감정을 더 평안하게 만든다는 사실이다.

　진심은 꼭 말로만 전해지는 게 아니고, 행동으로 증명할 필요도 없다. 사랑을 품은 태도는 스스로 향기를 낸다. 우리가 시어머니를 대하는 태도 역시 그러하다. 나를 지키고 존중하면서 상대방의 마음도 헤아리려는 따뜻한 태도가 결국은 서로를 이해하고 감싸 안는 가장 강력한 감정의 기술이 된다.

　진정한 관계의 개선은 상대방을 바꾸는 것이 아니라 관계를 대하는 나의 태도와 감정을 바꾸는 데에서 시작된다. 그 과정은 때론 어렵고 복잡하지만 길의 시작과 끝에는 언제나 나 자신이 서 있다. 선택은 언제나 나에게 있다.

6 친정엄마와 감정의 고리를 끊는 법

한국 사회에서 친정엄마와 딸의 관계는 그 어떤 인간관계보다도 깊고 특별한 의미를 지닌다. 세상에서 가장 가깝고 이해심 깊은 친구이자, 때로는 삶의 가장 강력한 지지자가 되어주기도 한다. 하지만 동시에 풀기 어려운 갈등과 해묵은 감정들로 인해 상처를 주고받는 애증의 관계로 비춰지기도 한다.

이처럼 복잡한 모녀 관계의 이면에는 깊은 심리적 뿌리가 존재한다. 엄마 자신이 유년기에 불안정한 애착 경험을 했거나 해결되지 않은 심리적 상처를 가지고 있다면 무의식적으로 그 상처를 딸과의 관계에서 반복하려는 경향을 보인다. 이로 인해 딸은 엄마의 미해결된 감정을 받아내면서 정서적인 부담을 느낄 수 있다.

또한 엄마가 딸의 진정한 자기를 인정하지 않고 자신의 욕구나 기대를 투사하는 방식으로 관계를 맺는다면, 딸은 건강한 자아감을 형성하는 데 어려움을 겪어 성인이 되어서도 공허감, 낮은 자존감 같은 문제로 이어질 수 있다.

　더욱이 한국 사회의 급격한 근대화 과정에서 여성들은 전통적인 가사 및 양육의 책임과 더불어 사회 진출이라는 새로운 역할을 요구받게 되었다. 이러한 이중적인 역할 갈등은 엄마 세대에게 큰 스트레스를 주었고 딸 세대에게는 엄마처럼 살고 싶지 않다는 반작용과 동시에 엄마처럼 살아야 한다는 무의식적인 강박을 남겼다.

　이처럼 복잡한 배경 속에서 흥미로운 점은 딸이 결혼 후 자녀를 낳고도 엄마와의 관계를 그대로 유지하며 서로에게 영향을 미치고, 심지어 새로운 가정의 삶에도 영향을 미치는 경우가 많다는 것이다. 결국 한국 사회의 친정엄마와 딸의 관계는 강렬한 유대와 깊은 이해가 공존하는 동시에 대물림되는 정서적 부담과 역할 갈등이 얽혀 있는 독특한 양상을 띤다.

　엄마와 딸은 서로를 자신과 같다고 여기는 경향이 있어 평생을 독립적인 존재로 분리하려 애쓰지만, 둘 사이의 명확한 경계선이 분명하지 않은 경우가 많다. 이 관계의 특성을 이해하는 것은 모녀 각자가 건강한 자아를 확립하고 상호 존중하는 관계로 나아가는 데 중요한 첫걸음이 될 것이다.

　그렇다면 이처럼 복잡하게 얽힌 모녀 관계에서 벗어나 건강한 자율성을 확보하고 상호 존중하는 관계로 나아가려면 어떻게 해야 할까? 가장 먼저 필요한 것은 현재의 모녀 관계를 객관적으로 진단하는 것이다.

　자신에게 다음과 같은 질문들을 던져보자. 엄마와의 관계에서 어떤 감정들을 주로 느끼나? 죄책감, 분노, 답답함, 책임감, 사랑, 감사

등 다양한 감정이 있을 것이다. 엄마의 어떤 말이나 행동이 당신을 힘들게 하나? 구체적인 상황을 떠올려보자. 당신은 엄마에게 어떤 딸이 되고 싶다고 생각하나? 그리고 엄마는 당신에게 어떤 딸이 되기를 바란다고 느끼나? 이 간극은 얼마나 되나? 엄마와의 관계에서 반복적으로 나타나는 패턴이나 갈등이 있나? 있다면 그 패턴은 무엇인가? 엄마와의 관계가 당신의 다른 인간관계나 삶의 방식에 어떤 영향을 미치고 있나? 배우자와의 관계, 자녀 양육 방식, 직업 선택 등을 생각해보자.

이러한 질문들을 통해 자신의 감정을 깊이 들여다보고, 엄마와의 관계에서 어떤 부분이 건강하지 못한 방식으로 작동하고 있는지 파악하는 것이 중요하다. 단순히 엄마 때문에 힘들다는 막연한 감정에서 벗어나, 구체적인 상황과 감정을 명확히 인지하는 것만으로도 문제 해결의 실마리를 찾을 수 있다.

모녀 관계에서 감정의 고리를 끊는다는 것은 엄마와의 물리적인 단절을 의미하는 것이 아니다. 이는 엄마로부터 독립된 한 사람의 개체로서 온전하게 서는 과정을 뜻한다. 이러한 분리 과정은 긍정적인 변화를 가져온다. 엄마의 기대나 평가로부터 자유로워지면서 스스로를 온전히 인정하고 사랑하는 법을 배우게 된다. 또한 엄마의 그림자에서 벗어나 진정한 자신의 욕구와 목표를 찾아 나갈 수 있다.

자신의 욕구와 목표대로 살고 있다고 생각할지라도, 가만히 들여다보면 엄마가 원하고 인정하는 딸의 모습이 자연스럽게 자신의 목표가 될 수도 있다. 이것을 정확하게 구분해내는 것이 중요하다. 엄마와 감정이 융합되지 않고 분리되면 딸로서의 책임감에 시달리지 않으면서 내면의 평화를 찾을 수 있다. 물론 이 과정은 쉽게 보이지도 않고 수학 문제처럼 딱딱 맞아떨어지지도 않는다. 오랜 시간 습관화된 관계의 틀을 깨는 것이기 때문에 죄책감, 혼란, 무력감, 다시 예전으로 돌아가고 싶은 감정들을 경험할 수도 있다. 하지만 이러한 감정들을 인정하고 수용하면서 자신을 위한 용기 있는 새로운 발걸음을 내딛는 것이 중요하다.

이제 진단과 필요성을 이해했다면 실제로 감정의 고리를 끊기 위한 구체적인 방법들을 살펴볼 차례다. 이는 크게 건강한 경계 설정과 효과적인 소통이라는 두 가지 축으로 나눌 수 있다.

경계 설정은 자신과 타인 사이에 명확한 선을 긋는 것을 의미한다. 엄마의 말이나 행동에 어떤 감정이 드는지 정확히 알아차리는 연습을 해야 한다. 어떤 감정이 올라와도 외면하지 않고 인정하는 것이 첫걸음이다.

감정적으로 대응하기보다는 차분하고 단호하게 자신의 입장을 전달해야 한다. 어떤 상황이든 새로운 변화에 사람들은 저항하기 마련이다. 처음에는 엄마가 서운해 하거나 반발할 수 있지만, 꾸준히 지키면 더욱 건강한 관계가 될 것이다. 경계를 설정할 때 죄책감을 느낄 수 있다. 당신의 건강한 삶을 위해 필요하다면 지속적으로 자신의 의견과 생각을 말하는 것이 중요하다.

경계 설정은 일방적인 선언이 아니라, 소통을 통해 이루어져야 한다. 건강한 소통은 오해를 줄이고 서로를 이해하는 데 필수적이다. 또한, 엄마의 행동 뒤에 숨겨진 의도나 감정을 이해하려고 노력해 보자. 외로움, 불안, 사랑 표현의 서투름 등이 숨어 있을 수 있다. 엄마의 감정을 인정하고 공감하는 표현을 사용하는 것도 중요하다. 공감은 동의가 아니라 이해를 의미한다는 것을 기억하자.

친정엄마와의 관계에서 건강한 변화를 만들어 나가기 위해서는 긍정적인 관계 강화 또한 중요하다. 엄마가 베푼 사랑과 노력, 희생에 대해 진심으로 감사하는 마음을 표현해 보자. 안부 메시지를 먼저 건네거나, 엄마가 좋아하는 간식이나 작은 선물을 보내며 마음을 표현하는 것도 좋은 방법이다. 또한, 엄마가 당신의 경계를 존중하려는 노력이 보인다면 긍정적으로 칭찬하고 격려를 해주자.

엄마와의 오래된 관계를 바꾸는 것도 중요하지만, 가장 중요한 것은 엄마를 이해하는 마음이라고 생각한다. 엄마가 나에게 잘해 주었든 잘해 주지 못했든, 엄마는 나를 키우느라 애썼다. 당신에게 모질게 대할수록 엄마는 힘든 삶을 살아왔을 가능성이 크다. 엄마 자신도 따뜻한 감정과 사랑을 충분히 받지 못했을 것이다.

친정엄마도 엄마의 엄마에게 사랑을 원하고, 자신에게 사랑을 주고 싶어 하는 한 사람에 불과하다. 우리는 많은 것을 기대한다. 엄마라는 이유로 쉽게 짜증내고 함부로 대했던 경우도 많다. 당신의 엄마라는 이유로 그것을 당연히 받아줘야 하는 건 아니다. 엄마를 연약한 한 사람으로서 사랑하자.

7 엄마의 감정은 가족의 감정 리모컨이다

아침에 눈을 뜨면 엄마가 짓는 첫 표정과 첫 말투가 그날 집안 분위기를 결정하는 날이 많다. 엄마가 따뜻한 미소로 가족을 맞이하면 친절이 자연히 발산되고, 엄마가 바쁘고 예민한 기운을 풍기면 불만이 발산되어 장난치던 아이도 금세 조용해지고 집 안 공기는 무겁고 긴장감 있게 가라앉는다. 마치 엄마 손에 든 보이지 않는 리모컨이 가족 감정의 채널과 볼륨을 조절하는 느낌이다. 엄마의 감정 상태가 중요하고 감정에 따라 가족에게 대하는 것이 달라지기 때문에 가족 분위기에 영향을 절대적으로 미친다는 것을 여실히 보여주는 대목이다.

이 현상은 단순한 비유가 아니라 심리학과 신경과학의 연구로도 충분히 설명된다. 심리학자 존 볼비의 애착 이론에 따르면, 아이는 생존과 안전을 위해 주 양육자인 어머니와 강한 정서적 유대를 형성한다. 아이의 뇌와 몸은 엄마의 표정, 목소리, 촉감을 통해 감정을 맞추고 조절하는 법을 배운다. 엄마가 안정된 정서 상태를 유지하면 아이는 세상은 안전하다는 신호를 받고 마음이 평온해진다. 반면 엄마가 자주 불안하거나 과민하면, 아이도 정서적으로 쉽게 요동치게 된다. 이 감정은 아이뿐 아니라 가족 구성원 전체에 파급력을 가진다.

감정 전염이라는 개념은 한 사람의 감정이 주변 사람에게 파동처럼 전해져 비슷한 상태를 유발하는 현상을 뜻한다. 웃고 있는 사람 옆에서 자연스럽게 미소 짓게 되는 것이나, 긴장한 사람 곁에서 불편함을 느끼는 것 모두 여기서 비롯된다. 특히 가족처럼 매우 밀접한 관계에선 감정 파동의 확산 속도가 빠르고 강도가 크다. 엄마의 따뜻한 웃음은 아이의 웃음으로, 그 웃음은 다시 아빠의 미소로 번져 집안 전체에 긍정적인 순환이 만들어진다.

이 과정의 신경과학적 기반으로 미러 뉴런이 있다. 1990년대 이탈리아 파르마 대학 연구팀이 발견한 미러 뉴런은 타인이 어떤 행동하거나 감정을 표현할 때 자신도 그 행동을 하는 것처럼, 그 감정을 느끼는 것처럼 뇌가 반응하는 신경세포이다.

특히 사랑하는 가족 사이에서는 미러 뉴런의 역할이 강화돼 더욱 강력한 공감과 정서 모방이 일어난다. 엄마가 평온하고 긍정적이면 가족 모두의 뇌 안에 같은 평온함이 켜진다. 감정 전달에서 말의 비중은 매우 작다. 심리학자 앨버트 메라비언의 연구 결과, 대화에서 언어는 전체 메시지의 7%에 불과하고, 목소리 톤이 38%, 표정과 몸짓 등 비언어적 신호가 55%를 차지한다고 한다. 이는 우리가 가족에게 전달하는 가장 큰 메시지가 무엇을 말했는가? 가 아니라 어떤 표정과 톤, 에너지로 말했는가? 에 달린다는 것을 과학적으로 뒷받침한다.

이처럼 엄마가 쥔 감정 리모컨의 중요한 채널 중 하나는 바로 믿음이다. 엄마가 가족을 어떻게 바라보는지가 그들의 감정과 행동을 해석하는 렌즈가 된다. 긍정적인 기대와 관점은 그만큼 부드럽고 열린 태도로 대화를 만들고, 관계를 안정시키며, 긍정적 변화를 촉진한다. 반면 부정적인 고정관념은 관계를 경직시키고 갈등을 심화시킨다.

심리학에서 말하는 자기 충족적 예언의 핵심도 여기에 있다. 나는 한때 남편이 배려가 부족한 사람이라 생각하곤 했다. 그런 마음이 커질수록 불만과 불평이 늘어났고 놀랍게도 남편은 정말 내가 생각하는 대로 행동하는 것처럼 보였다. 이 모든 것은 내가 남편은 원래 그런 사람이라는 부정적인 선입견을 품고 있었기 때문이라는 것을 깨달았다.

그때부터 나는 남편을 향한 비난 대신, 내가 원하는 남편의 모습을 매일 일기장에 적기 시작했다. 나의 남편은 참 자상한 사람이다. 늘 배려해 주는 남편에게 고맙다고 쓰고 읽으며, 남편이 당장 변하지 않더라도 긍정적인 마음으로 기다렸다. 그렇게 석 달이 지나자, 남편은 정말 자상하고 따뜻한 사람으로 변했고, 나에게 내가 이렇게 변한 건 다 당신 덕분이라고 말해주었다.

아이의 행동을 볼 때마다 부족한 점이 먼저 눈에 들어왔고, 잔소리도 늘었다. 아이는 점점 더 위축되어갔다. 하지만 문제는 아이의 부족함이 아니라, 내 시선 이었다.

그때부터 나는 아이를 향한 염려 대신, 아이가 사랑받고 존중받으며 무엇이든 해낼 수 있는 존재라는 믿음으로 바라보기 시작했다. 아이가 당장 변하지 않더라도, 작고 소중한 노력을 발견하며 진심으로 칭찬했다. 그렇게 시간이 지나자 아이는 정말 긍정적이고 활발한 아이로 변했고, 아이의 밝아진 눈빛을 보며 고마움을 느꼈다. 결국 엄마가 어떤 마음가짐으로 가족을 바라보느냐가 가족 전체의 감정 지도를 결정짓는 가장 중요한 열쇠가 된다.

그렇다면 이 리모컨을 제대로 작동시키려면 어떤 준비가 필요할까? 우선 엄마 자신이 튼튼한 전원이 되어야 한다. 이 전원의 배터리는 바로 엄마의 신체적, 심리적 에너지이다. 몸이 피로하고 마음이 지칠 때는 감정 조절 능력이 떨어지고 작은 자극에도 쉽게 예민해진다.

반대로 충분한 휴식과 자기 돌봄을 통해 에너지를 충전한 엄마는 말투와 표정이 훨씬 부드럽고 안정적이며 가족 전체의 안전지대를 이루는 결과로 이어진다. 상담실에서 만난 엄마들은 처음엔 자기 시간을 만들 수 없다고 생각했으나, 실제로 해보니 마음의 여유가 더욱 생긴다고 했다. 자신을 돌보는 시간은 가족 감정 리모컨을 건강하게 유지하는 필수 투자임을 깨닫는 순간이다.

엄마의 감정 리모컨을 건강하게 작동시키기 위한 실천법을 소개한다.

첫째, 하루 중 1~2분이라도 내 감정의 색깔은 무엇인가를 점검하는 감정 인식 훈련이다. 스스로 얼굴 근육이나 표정을 의식하며 현재 상태를 파악하는 그것만으로도 무의식적인 부정적 감정 전염을 줄일 수 있다.

둘째, 호흡 조절과 함께 신체 인지법이다. 감정이 격해질 때 마음을 진정시키기 위해 깊게 숨을 들이마시고 내쉬면서, 어깨와 손끝, 턱 등의 긴장 상태를 의식적으로 탐색한다. 몸과 마음이 연결된 감정을 동시에 관리하는 효과적 방법이다.

셋째, 주의 전환 훈련이다. 부정적 생각에 빠질 때 긍정적이고 중립적인 사물이나 상황으로 의도적으로 주의를 놀리는 훈련법이다. 반복하면 분노나 불안 상태에서 마음을 빠르게 전환하는 힘이 길러진다.

넷째, 스위치 아웃 기술을 활용한다. 감정이 과열될 때 신뢰할 수 있는 가족이나 돌봄 지원자와 잠시 역할을 교대하는 것이다. 아이와의 갈등이 심할 때 잠시 자리를 비우거나, 배우자에게 상황을 맡기는 전략으로 감정 환기와 관계 회복에 도움이 된다.

다섯째, 매일 감정을 글이나 그림으로 표현하는 일기 쓰기와 표현적 글쓰기 활동이다. 복잡한 감정을 자유롭게 표출하며 자기 이해가 깊어지고, 감정 충동에 대한 거리두기가 가능해 진다. 감정의 흐름을 시각화함으로써 자기 조절력이 상승한다.

여섯째, 마음 챙김 기반 감정 상담이다. 엄마가 자신의 감정을 인지하고 있는 그대로 받아들이는 동시에, 감정 상호작용 속에서 적절한 표현과 대처를 학습하는 방법이다. 예를 들어 아이가 화를 낼 때 현재 내 감정은 어떤가? 인식하며 차분히 대응하는 연습을 반복한다. 이는 가족 내 정서적 결속을 높이고 긴장을 완화하는 데 효과적이다.

엄마 자신이 먼저 행복하고 안정되어야 가족의 감정 리모컨도 정상 작동한다. 엄마가 자기 마음과 몸을 잘 돌보면 가족 전체가 평온해진다. 집안 분위기는 실내장식이 아니라 엄마의 표정과 목소리로 결정되며, 엄마의 웃음은 아이와 배우자에게 긍정 에너지로 전달된다.

엄마가 희망을 품으면 온 가족이 미래를 기대하고 힘을 낸다. 오늘 아침 거울 앞에서 이렇게 말해보라. 내 감정은 우리 가족을 위한 리모컨이다. 나는 이 리모컨을 사랑과 이해의 채널에 맞춘다. 이 작은 변화가 매일 모여 가족 모두의 정서 습관을 건강하게 변화시킬 것이다. 엄마의 감정은 곧 가족의 하루를 빛내는 힘이며, 그 리모컨은 언제나 당신 손안에 있다.

엄마가 되면 알아야 할 것, 해야 할 것들이 많아진다. 그것도 갑자기 말이다. 이유 없이 참아야 하고 이해해야 하는 순간들도 늘어난다. 그런 상황에서 여유롭게 살아가기란 쉽지 않다. 하지만 지금 생각해 보면, 그 폭풍 같은 시간이 나를 단단하게 만들어 준 시간이었다.

책을 쓰기 전의 나는 어떻게든 그 고통을 피하고 외면하고 싶어 했고 정면으로 맞서기보다 어떻게 해야 할지 몰라 그 순간을 피해 다녔다. 하지만 회피하며 불안해하는 것보다는 직면하는 게 수월하다는 것을 경험으로 알았다.

엄마들의 모습도 다르지 않다. 스스로에게 '참아야지', '다른 감정으로 전환해야지', '이런 감정을 느끼는 나는 별로야', '다른 사람들은 다 잘사는데 나만 왜 이렇게 힘드나?' 같은 생각을 하게 된다. 이것은 우리의 이성과 사회성이 자신에 대한 무조건적 공감을 가로막기 때문에 생기게 된다.

감정을 억누르면 해소되지 않을 뿐 아니라, 나중에는 스스로 풀어내는 방법조차 잃어버리게 된다. 내가 배운 폭풍을 견디는 방법의 핵심은 감정을 바꾸려 하지 말고 있는 그대로 인정하는 것이다. 아무리 부정적인 감정이라도 스스로 인정한다고 해서 문제가 되지 않으며 연습이 쌓일수록 경직된 마음이 자연스러워지는 것을 느낄 수 있게 된다.

나는 우리 가정이 따뜻해지기 위해 매일 작은 노력을 했다. 그런 노력을 한 지 3년 정도가 지나자, 눈에 보이는 결과가 나타나기 시작했다. 먼저 아이와의 관계가 달라졌다. 자녀에게 느꼈던 불안하고 조급한 마음이 많이 사라졌다.

아이의 결과에 집중하기보다 과정에 집중하는 엄마가 돼 있었다. 아이의 결과에 집착하지 않고 과정을 그저 지켜보니 아이가 스스로 성장하는 과정을 두 눈으로 확인 할 수 있는 여유가 생겼다. 자녀를 키우는 일은 자녀가 수많은 경쟁에서 상위권을 차지하도록 도와주는 것이 아니라 아이가 아이답게 자랄 수 있는 든든한 배경을 만들어주는 일이었다. 아이의 행동에 직접 개입할 때보다 자연스럽게 두었을 때 아이의 성장이 더 빠르다는 것을 직접 체감했다.

남편과의 관계도 회복되었다. 늘 요구가 많았던 아내에서, 있는 그대로를 받아들이는 동반자로 변화했다. 남편의 말에 반박할 기회를 엿보던 과거와 달리, 지금은 수용의 마음이 기본이 되었다. 남편이 내가 원하는 방향으로 행동해야 한다는 환상을 버리니, 서로의 의견을 개방적으로 받아들일 수 있게 되었다.

가족에게 사랑이 넘친다면 밖에서 어려운 일이 생겨도 견딜힘이 난다. 하지만 가족에게서 안정과 평안을 얻지 못한다면, 밖에서 일이 잘 풀려도 허전한 마음을 어쩔 수 없다. 그렇다면 가족에게 사랑을 채우는 일, 그 시작은 어디일까?

가장 중요한 한 가지를 꼽으라면 '나를 사랑하기'다. 엄마가 자기 자신을 사랑하고 존중할 때, 비로소 다른 사람도 진심으로 사랑할 수 있다. 빈 그릇에서는 아무것도 나눌 수 없듯이, 자신을 사랑하지 못하는 사람은 진정한 사랑을 줄 수 없다.

'나를 사랑하기'라는 말은 너무 추상적이라 어디서부터 시작해야 할지 막막할 수 있다. 추천하는 방법은 글쓰기다. 자신의 생각을 두서없이 죽 써내려가 보자. 문장을 쓰기 어렵다면 무의식적으로 떠오르는 단어들만 나열해도 좋다. 내가 몰랐던 나에 대한 많은 단서들을 발견하고 놀라게 될 것이다.

잘 쓰려고 하기보다 자신의 감정을 날것 그대로 써내려가다 보면, 흐릿했던 내 모습이 선명해지는 경험을 하게 된다. '내가 진짜 원했던 건 이거구나'라는 깨달음이 찾아온다. 그 순간이 바로 나를 사랑하는 첫걸음이다.

마지막으로 글을 쓰면서 스스로에게 자주 물었다. '과연 나는 좋은 엄마인가?' 행복하다가도 불현듯 불안이 찾아와 나를 점검하게 했다. 그럴 때마다 나는 아이의 말들에 마음을 놓곤 한다. 아이가 한 말을 그대로 시 두 편으로 표현해 봤다.

엄마를 사랑해

　　　　　아들
내가 죽어도
엄마를 사랑하는 마음은 똑같아

내가 삐져도
엄마를 사랑하는 마음은 똑같아

알겠지! 엄마?
내가 엄마를 얼마나 사랑하는지!

오늘

　　　　　아들
엄마,
나는 오늘이 좋아.

오늘이!

오늘이!

마지막 수정 원고를 보내고 나서야 비로소 해방감을 느꼈다. 2년 동안 나는 온통 글 생각뿐이었다. 업무, 가사, 육아, 심지어 가족과 여행하는 순간에도 머릿속은 글로 가득했다. 글을 쓰지 않는 모든 순간에도 글 생각을 했다고 해도 과언이 아니다.

완벽하지 않은 엄마와 완벽하지 않은 아이가 만나 서로의 빈 곳을 채워주며 나이와 관계없이 성장해 나가는 이 구불구불한 길을 나는 사랑한다. 나의 아들, 남편의 사랑과 배려로 이 책을 완성할 수 있었다. 피부로 깨달은 것이 글이 되었고, 글로 쓴 것을 실천하면서 꾸준하게 변화하고, 성장했다. 책이 완성될 즈음에는 나다운 내가 편안하고 자연스럽게 느껴질 수 있을 것이다.

상황별 아이를 공감하는 법

아이를 공감하는 육아가 주목받고 있습니다. 공감하고 싶은 마음은 있지만, 막상 상황에 적용하려면 막막한 순간이 많습니다. 일반적으로 공감하기 어려운 상황에서 사용할 수 있는 공감의 표현을 살펴보겠습니다.

1. 아이가 부적절한 행동을 했을 때

이런 일이 있었어요.

친구에게 전화가 왔습니다. 초등학교 고학년인 아들이 친구 한 명을 집단으로 괴롭혔다는 겁니다. 아들도 괴롭히는 무리에 속해 있었고, 친구에게 모래를 던진 사실을 알게 된 친구는 화가 많이 나 있었습니다.

아들은 지금 반성하고 있다는 친구의 말을 듣고, 저는 "그래도 지금은 잘못을 뉘우치고 있으니 공감해 줘"라고 했습니다. 그러자 친구는 "아이가 이렇게 잘못했는데 어떻게 공감을 해 줘?"라며 선뜻 받아들이기 어려워했습니다.

☆ 공감 없는 반응
- "왜 그런 행동을 했어?"
- "친구한테 그러면 어떡해! 당장 사과해!"
- "엄마는 네가 이해가 안 돼!"

☆ 공감하는 대화법
공감은 잘못을 용납하는 것이 아닙니다. 모래를 던졌을 때 어떤 마음이 들었는지, 던지고 난 후 어떤 감정이 들었는지 들어주세요.

아이: "친구들이 다 그 애를 놀리길래 나도 모래를 던졌어."
엄마: "모래를 던졌어?"
아이: "그런데 모래를 던지고 나서 나도 후회했어."
엄마: "던지고 나서 후회했구나. 왜 그런 감정이 들었어?"

아이들은 자신이 잘못한 행동에 대해 후회하고, 무엇이 문제였는지 알고 있습니다. 이렇게 공감으로 감정을 풀어준 후에, 필요한 이야기를 나누세요.

☆ 핵심 포인트
공감은 잘못을 용인하는 것이 아니라, 아이의 감정을 읽어주는 것입니다.

2. 아이가 친구의 감정을 이해하지 못할 때

이런 일이 있었어요.

성향이 다른 친구들과 대화할 때, 자신의 말투가 친구 기분을 상하게 하는지 모르는 경우가 있습니다. 아이는 평소처럼 말했을 뿐인데, 친구는 상처받았다고 하는 거예요.

☆ 공감 없는 반응
  • "그 말투 쓰지 말라고 했지"
  • "말 좀 조심해. 그러다 큰일 난다."
  • "네가 잘못 했네!"

☆ 공감하는 대화법
아이의 행동을 고치려고 조언하는 것보다, 입장 바꿔 생각해 보는 연습을 시켜주세요.

엄마: "네가 그 말을 들었을 때 어떤 느낌이 들 것 같아?"
아이: "난 아무렇지도 않은데?"
엄마: "맞아, 너한테는 익숙한 말투니까. 친구가 너한테도 똑같이 말했다면 어떨 것 같아?"

처지를 바꿔 생각하는 일이 간단한 이치 같지만, 자기 입장에 익숙한 탓에 상대의 감정을 미처 생각하지 못하는 경우가 많습니다. 상대방의 입장에서 생각해 볼 기회를 주세요.

☆ 핵심 포인트
판단하지 말고, 발견하게 하세요.

3. 아이가 상황을 오해하거나 잘못 받아들였을 때

이런 일이 있었어요.

아이가 학교에서 돌아와 말합니다. "선생님은 나만 싫어해."
이럴 때 우리는 아이 감정에 공감하는 대신, 상황을 바로잡으려고
합니다.
"아니야, 선생님은 그렇지 않아. 그렇게 생각하지 마."

☆ 공감 없는 반응
  • "아니야, 선생님은 모두에게 공평하지."
  • "네가 오해했겠지"
  • "그렇게 예민하게 받아들이면 어떡해."

☆ 공감하는 대화법
 상황을 이해시키려 하지 말고, 감정을 그대로 읽어주세요.

엄마: "선생님이 너만 미워하는 것 같아?"
아이: "다른 친구들한테는 길게 대답해 주는데, 내 질문에는 짧게
대답하고 친절하게 말씀해 주지 않으셔!"
엄마: "너에게만 짧게 대답해서, 너를 미워하는 것처럼 느꼈구나."

이렇게 감정을 읽어주면, 아이는 자신의 감정이 수용된다고 느낍니다. 그 후 아이가 스스로 상황을 정리하거나, 필요하면 "선생님이 바쁘셨을 수도 있겠다."라고 다른 관점을 제시할 수 있습니다.

☆ 핵심 포인트
공감 후에 "이런 상황일 수도 있겠다." 하고 함께 살펴보세요.

☆ 공감의 핵심을 기억하세요.
공감은 동의가 아닙니다.
공감은 감정을 읽어주는 것입니다.
공감 후에 다른 관점을 함께 나눌 수 있습니다.